物质构成的化学

MAGICAL
CHEMISTRY

化学
百科知识

徐东梅 ◎ 编著

中国出版集团
现代出版社

图书在版编目（CIP）数据

化学百科知识／徐东梅编著.—北京：现代出版社，2012.12

（物质构成的化学）

ISBN 978－7－5143－0968－3

Ⅰ.①化… Ⅱ.①徐… Ⅲ.①化学－青年读物②化学－少年读物 Ⅳ.①O6－49

中国版本图书馆 CIP 数据核字（2012）第 275548 号

化学百科知识

编　　著	徐东梅
责任编辑	刘　刚
出版发行	现代出版社
地　　址	北京市安定门外安华里 504 号
邮政编码	100011
电　　话	010－64267325　010－64245264（兼传真）
网　　址	www.xdcbs.com
电子信箱	xiandai@cnpitc.com.cn
印　　刷	固安县云鼎印刷有限公司
开　　本	710mm×1000mm　1/16
印　　张	12
版　　次	2013 年 1 月第 1 版　2021 年 3 月第 3 次印刷
书　　号	ISBN 978－7－5143－0968－3
定　　价	36.00 元

版权所有，翻印必究；未经许可，不得转载

前　言

　　化学是研究物质的组成、结构、性质以及变化规律的学科。它的出现,在推动人类文明进步方面起了重要的作用。

　　化学的诞生,还得追溯到原始社会,原始人类掌握了火以后,便逐步学会了制陶、冶炼;以后又懂得了酿造、染色等等。这些用天然物质加工改造而成的制品,成为古代文明的标志。在这些生产实践的基础上,萌发了古代化学知识。

　　当人类文明的车轮驶入了 20 世纪以后,由于受到自然科学其他学科发展的影响,并广泛地应用了当代科学的理论、技术和方法,化学在认识物质的组成、结构、合成和测试等方面都有了长足的发展,而且在理论方面取得了许多重要成果。

　　纵观化学的诞生过程,可以发现很多令人惊讶的化学之最,这些化学之最推动了化学的发展进程,为化学的繁荣发展做出了不朽的贡献。

　　编者经过大量搜集整理资料以后汇编而成的书,囊括了化学发展史上的各种之最。通过介绍这些化学之最,让读者朋友更多地了解化学,揭开化学神秘的面纱,给读者树立一个生动有趣的化学形象。

　　最后,希望读者通过阅读本书,能对人类璀璨的化学知识有个大概的了解,从而激发学习化学的兴趣,进一步学好化学知识,也就达到了编者编纂此书的目的。

目 录

影响世界的化学理论和著作

  冶炼中的合金规律 …………………………………………… 1
  燃烧现象的实质 ……………………………………………… 4
  道尔顿的原子论 ……………………………………………… 6
  奇特的电离理论 ……………………………………………… 8
  体积间的数量关系 …………………………………………… 10
  有机结构理论 ………………………………………………… 16
  物质总量恒定不变 …………………………………………… 18
  放射学的诞生 ………………………………………………… 20
  阿佛加德罗定律 ……………………………………………… 23
  科学的色谱法 ………………………………………………… 24
  《天工开物》 ………………………………………………… 27
  《化学基础》 ………………………………………………… 30
  《化学哲学新体系》 ………………………………………… 32
  《普通化学概论》 …………………………………………… 35
  《梦溪笔谈》 ………………………………………………… 37
  《怀疑派的化学家》 ………………………………………… 40

最奇特的化学物质

  自然界中最轻的气体 ………………………………………… 43

比白金还昂贵的金属……………………………………46
水溶解度最大的气体……………………………………48
制造飞机的必备金属……………………………………50
海水中含量最大的金属…………………………………53
世界上价格最高的水……………………………………55
除锈效果最好的化合物…………………………………57
存在于太空中的甲烷……………………………………60
耐腐蚀性最好的塑料……………………………………63
最好的人工降雨剂………………………………………66
能让人发笑的气体………………………………………68
性质优良的合成纤维……………………………………71

左右人类进程的化学之最

四大发明之一——火药…………………………………75
推进人类文明的造纸术…………………………………78
让人减轻痛苦的麻醉剂…………………………………82
历史悠久的陶瓷…………………………………………84
影响深远的炼铁术………………………………………87
中国古代的曲法酿酒……………………………………89
筛眼最小的筛子…………………………………………92
最早的制盐法……………………………………………95
中国首创湿法炼铜………………………………………97
波尔多液的最早使用……………………………………100
雷汞引爆剂的试验成功…………………………………102

青史留名的化学人物

中国化学家黄鸣龙………………………………………105
学富五车的卡文迪许……………………………………107
伟大的化学家舍勒………………………………………111
气体化学之父普列斯特列………………………………115
最先制得氟的化学家……………………………………118

最先发现氮的化学家 …………………… 120
最先发现溴的化学家 …………………… 122
发现铯和铷的化学家 …………………… 124
最先发现铝的化学家 …………………… 127
最先发现氦的化学家 …………………… 130
第一个获诺贝尔奖的人 ………………… 132
镭的"母亲"居里夫人 ………………… 134
斯凡特·阿累尼乌斯 …………………… 136
地球化学家戈尔德·施密特 …………… 138
最伟大的化学家鲍林 …………………… 141

科学有趣的化学故事

会变色的紫罗兰 ………………………… 144
小猫"发现"了碘 ……………………… 146
查假药查出新元素 ……………………… 148
法拉第的有趣实验 ……………………… 150
伯爵的钻戒不见了 ……………………… 152
寻找"不锈的金属" …………………… 154
维勒开的"电"玩笑 …………………… 157
李比希与一块荒地 ……………………… 160
法利德·别尔格的甜牛排 ……………… 162
死青蛙引出来的发明 …………………… 164
弱不禁风的金属 ………………………… 166
池田菊苗的海带丝汤 …………………… 169
治愈怪病的神奇泉水 …………………… 171
王水保存诺贝尔奖章 …………………… 174
再次发现的"美洲大陆" ……………… 176
跳海自杀的猫和红地毯 ………………… 179
硝铵化肥与一系列惨祸 ………………… 181

影响世界的化学理论和著作

> 任何一门学科的发展都离不开理论和著作的指导，理论和著作是支撑学科发展下去的基础，化学也不例外。
>
> 自从有了人类，就有了化学，在化学发展的历史长河里，无数的理论和著作如耀眼的繁星在人类的文明史里熠熠生辉。它们或指导前人的化学研究工作，抑或成了后人研究化学的理论依据。
>
> 纵观化学理论和化学著作，出现了许多流传千古的名篇佳作，对人类历史的影响非常大，直到现在，这些理论著作仍然影响着一代又一代的化学爱好者。

冶炼中的合金规律

合金是由一种金属跟其他金属或非金属所形成的材料或物质。古代工匠冶炼的青铜就属于铜与锡或铅的合金。虽然西亚民族创造了最早的铜和青铜文明，但青铜冶铸术水平最高的还要算我国商周时期的工匠。精美的青铜四羊尊、后母戊鼎等一大批青铜器，以及稍后又铸出的举世罕见的曾侯乙编钟、尊盘等，都是当时的杰作。这些成就的出现是与方士们对商铜成分配比的不断探索和实践分不开的。

冶　炼

战国时齐国著作《周礼·考记》中，记载着世界上最早的关于合金的"六齐"规则。书中写道："金有六齐：六分其金而锡居一，谓之钟鼎之齐；五分其金而锡居一，谓之斧斤之齐；四分其金而锡居一，谓之戈戟之齐；三分其金而锡居一，谓之大刃之齐；五分其金而锡居二，谓之削杀矢之齐；金锡半，谓之鉴燧之齐。"在这里"齐"同"剂"，是调剂、剂量的意思。整段的意思是：青铜中铜和锡的重量比，在钟鼎之齐是6∶1，在斧斤之齐是5∶1，在戈戟之齐是4∶1，在大刃之齐是3∶1，在削杀矢之齐是5∶2，在鉴燧之齐是2∶1。根据大量的分析统计观察，这几条规则基本上符合实际情况，一般青铜含锡17%～20%最为坚利，过此逐渐变脆。"六齐"中的斧斤（工具）和戈戟（兵器）大体在此范围。青铜中锡的成分占30%左右时，硬度较高，而削杀矢都是兵刃，既要锋利、硬度大，又要坚韧，所以在此范围内。青铜的颜色随着锡含量的增加而发生变化，由赤铜色（红铜）经赤黄色、橙黄色，最后变为灰白色。鉴燧即青铜镜，只需灰白色，不怕脆。钟鼎要坚韧，更要辉煌灿烂，故含锡1/7，具有美丽的橙黄色。如后母戊鼎经化验其锡铅之和为14.43%，也符合"六齐"中钟鼎含锡定为14%～16%的规则。

"六齐"规则是世界上最早的合金熔炼的工艺总结，它指导工匠根据所要制造的青铜器的不同用途，正确地选择不同性能的合金成分。但由于古代条件所限，没有配套的、完备的监测和化验技术，工匠们只能凭经验判断，不能十分准确地运用"六齐"规则，自然也就不会每件制品在配比上都完全与此相符。

上海、浙江、湖南等博物馆中都珍藏有交合剑，就是方士们当时基于对青铜合金成分的配制的深刻认识，由两种成分不同的青铜分铸的产物。剑的脊部要求韧性好，用含锡约百分之十几的青铜，两边的刃部非常锋利，用含锡20%以上的青铜，这样的剑刚柔相济，威力很大。

总之，在当时的技术条件限制下，能总结出这样基本上正确而又具有普遍意义的合金规则,说明我国古代的青铜冶炼技术已相当成熟。

后母戊鼎

后母戊鼎是商后期的青铜器,原器1939年3月出土于河南安阳侯家庄武官村。此鼎形制雄伟,高133厘米、口长110厘米、宽79厘米,是迄今为止出土的最大最重的青铜器。后母戊鼎初为乡人私自挖掘,出土后因过大过重不易搬迁,私掘者又将其重新掩埋。后母戊鼎在1946年6月重新出土。新中国成立后,于1959年入藏中国历史博物馆。

鼎身呈长方形,口沿很厚,轮廓方直,显现出不可动摇的气势。后母戊鼎立耳、方腹、四足中空,除鼎身四面是无纹饰的长方形素面外,其余各处皆有纹饰。在细密的云雷纹之上,各部分主纹饰各具形态。鼎身四面在方形素面周围以饕餮作为主要纹饰,四面交接处,则饰以扉棱,扉棱之上为牛首,下为饕餮。鼎耳外廓有两只猛虎,虎口相对,中含人头。耳侧以鱼纹为饰。四只鼎足的纹饰也匠心独具,在三道弦纹之上各施以兽面。据考证,后母戊鼎应是商王室重器,其造型、纹饰、工艺均达到极高的水平,是商代青铜文化顶峰时期的代表作。

铝合金

铝合金是工业中应用最广泛的一类有色金属结构材料,在航空、航天、汽车、机械制造、船舶及化学工业中已大量应用。随着近年来科学技术以及工业经济的飞速发展,对铝合金焊接结构件的需求日益增多,使铝合金的焊接性研究也随之深入。铝合金的广泛应用促进了铝合金焊接技术的发展,同时焊接技术的发展又拓展了铝合金的应用领域,因此铝合金的焊接技术正成为研究的热点之一。

纯铝的密度小，大约是铁的1/3，熔点低，铝是面心立方结构，故具有很高的塑性，易于加工，可制成各种型材、板材。铝的抗腐蚀性能好，但是纯铝的强度较低，故不宜做结构材料。通过长期的生产实践和科学实验，人们逐渐以加入合金元素及运用热处理等方法来强化铝，这就得到了一系列的铝合金。添加一定元素形成的合金在保持纯铝质轻等优点的同时还能具有较高的强度，这样使得其在"强度"上胜过很多合金钢，成为理想的结构材料。广泛用于机械制造、运输机械、动力机械及航空工业等方面，飞机的机身、蒙皮、压气机等常以铝合金制造，以减轻自重。采用铝合金代替钢板材料进行焊接，重量可减轻50%以上。

燃烧现象的实质

我们的祖先，很早就知道钻木取火，利用火来烤熟食物、取暖和吓唬野兽等。可是，火究竟是怎么回事，却谁也弄不清楚，甚至还把火当作神灵来供拜。后来，人们对物质的燃烧和金属的焙烧等过程，虽然也提出不少看法，但都未能触及它们的实质。其中在化学发展史上影响最大的，要属17世纪德国的史塔尔（1660—1734）提出的燃素学说。

史塔尔认为：一切可燃的物体中，都含有一种叫作燃素的特殊物质。当物体燃烧（或金属焙烧）时，它本身所含的燃素便飞散出去，等到物体中含有的燃素完全跑掉后，燃烧也就停止了。燃烧过的产物，只需任何含有大量燃素的物质如木炭等供给它燃素，它就能复原为原来的物质。例如，锌加热焙烧后，它本身含有的燃素就跑掉了，变成白色的烧渣。如果把这烧渣和木炭等富有燃素的物质一起加热，锌又被蒸馏出来。

燃素学说在当时被普遍采用，它在某种程度上统一地解释了大量实验事实，并引起了许多新的研究课题，对化学的发展曾起过一定的推动作用。但燃素究竟是一种什么样的物质，人们从来没有在实验室里把它分离出来过。而且所有焙烧过的金属，总是比它焙烧前重些，燃素跑了，反而重量增加，却无法得到合理的解释，不能不引起人们对它的怀疑。随着当时许多种气体被发现，人们对金属、氧化物、盐类等物质积累了更多的感性知识，这种虚构的、自我矛盾的燃素学说，就反而成为化学科学向前发展的绊脚石，在它统治化学领域近100年之后，终于被彻底否定了。

18世纪下半叶，法国化学家拉瓦锡（1743—1794）做了许多关于燃烧和焙烧的实验，他在工作中重视应用定量研究方法。例如，他通过一个著名的实验证实了关于大气组成的见解。在曲颈瓶中装一定量水银，曲颈瓶跟钟罩内水银面上的空气连通着，空气的体积也已被测定。将瓶加热一段时间后，他发现瓶内水银面上生成红色鳞斑状的水银烧渣，经过12天后，烧渣不再增多，于是停止加热。这时钟罩内空气缩减到原来体积的4/5，拉瓦锡把剩余的气体叫作"大气的碳气"（后来改称氮气）。接着，他把瓶内的水银烧渣收集起来加热，又得到水银和一种气体，量得这种气体的体积，跟加热水银时缩减掉的空气体积相等，它比一般的空气更利于呼吸和燃烧，把这种气体跟"大气的碳气"混合，就成为一般的空气。拉瓦锡认为这种气体就是不久以前英国科学家普列斯特列所发现的氧气。

拉瓦锡与其妻子

通过实验，拉瓦锡有力地证明：燃烧不是史塔尔所谓的可燃物放出燃素的分解反应，反而恰恰相反，它是可燃的物质跟空气里的氧气所发生的化合反应。从而揭示了燃烧过程的实质，并开始建立起现代的化学体系，从此近代化学迅速地发展起来。

拉瓦锡在科学上的发现，在化学发展史上有着令人难忘的功绩。但因为同法国政治上的保守分子和税务总局以及旧政权的其他机构有牵连，在1794年，他被送上了断头台。他在科学上和政治上走的是两条截然不同的道路。

知识点

拉瓦锡

安托万·洛朗·拉瓦锡（1743—1794），法国著名的化学家，近代化学的奠基人之一，"燃烧的氧学说"的提出者。1743年8月26日生于巴黎，因其包税官的身份在法国大革命时的1794年5月8日于巴黎被处死。拉瓦锡与他人合作制定出化学物种命名原则，创立了化学物种分类新体系。拉瓦锡根据化学实验的经验，用清晰的语言阐明了质量守恒定律和它在化学中的应用。这些工作，特别是他所提出的新观念、新理论、新思想，为近代化学的发展奠定了重要的基础，因而后人称拉瓦锡为近代化学之父。拉瓦锡之于化学，犹如牛顿之于物理学。

绿色化学

绿色化学又称"环境无害化学"、"环境友好化学"、"清洁化学"，绿色化学是近10年才产生和发展起来的，是一个"新化学婴儿"。它涉及有机合成、催化、生物化学、分析化学等学科，内容广泛。绿色化学的最大特点是在始端就采用预防污染的科学手段，因而过程和终端均为零排放或零污染。世界上很多国家已把"化学的绿色化"作为新世纪化学进展的主要方向之一。

道尔顿的原子论

在古代，关于物质是怎样构成的问题，中外哲学家曾提出不少见解。他们一致主张：宇宙万物是由少数基本物质——元素组成的，还有人认为物质可以无止境地分割下去。例如，我国在春秋战国时期，盛行阴阳五行学说，认为宇宙的一切物质，都是由金、木、水、火、土（五行）通过阴、阳这两种力，彼此间以不同比例互相结合而构成的。当时我国著名的哲学家庄子曾说过："一尺之棰，日取其半，万世不竭。"意思是说，一尺长的棍子，今天割掉一半，明天再割掉余下的一半，这样分割下去，几十万年也分不完。庄子用了具体生动的事例，来说明他对物质可以无限分割的看法。这些见解虽然和近代物质结构理论基本上是一致的，但一直到18世纪，英国化学家道尔顿才明确提出科学的原子论，初步建立了物质构成的学说。

道尔顿原子论的基本内容是：

（1）一切物质都是由非常微小的粒子——原子所组成。在所有化学变化中，原子都保持自己的独特性质。原子不能自生自灭，也不能再分。

（2）种类相同的原子，在质量和性质上完全相同；种类不同的原子，它们的质量和性质都不相同。

（3）单质是由简单原子组成的，化合物是由"复杂原子"组成的，而"复杂原子"也是由简单原子组成的。

（4）原子间以简单数值比互相化合。例如，两种原子相化合时，其数值比常成1∶1或1∶2等简单的整数比。

道尔顿原子论能比较完整地说明化学变化的本质，以及解释变化中有关量的问题，并使化学知识在这一理论的基础上初步系统化。但道尔顿原子论也存在许多缺点和错误。例如，他完全否定原子是可再分的，他不明确"复杂原子"和简单原子在性质上的差异，以为"复杂原子"只是简单原子的机械结合，等等。

道尔顿在提出原子论以后，还引入了原子量的概念。他根据其他化学家对化合物所做分析的结果，把最轻的元素——氢的原子量定为1个单位，计算出氧、氮、硫、碳等元素的原子量，提出包括14种元素的第一个原子量

庄　子

表，并用图形符号表示这些元素的原子以及它们的化合物的一些"复杂原子"。

知识点

哲 学

哲学，是理论化、系统化的世界观，是自然知识、社会知识、思维知识的概括和总结，是世界观和方法论的统一，是社会意识的具体存在和表现形式，是以追求世界的本源、本质、共性或绝对、终极的形而上者为形式，以确立哲学世界观和方法论为内容的社会科学。

延伸阅读

古希腊原子论

原子的数目是无穷的，它们之间没有性质的区别，只有形状、体积和序列的不同。运动是原子固有的属性。原子永远运动于无限的虚空之中，它们互相结合起来，就产生了各种不同的复合物。原子分离，物体便归于消灭。有人甚至认为人的灵魂也是由原子构成的，但那是最精细的原子；当构成灵魂的原子分散时，生命灭亡了，灵魂也就消失了。将认识论建立在这样一个假定之上，即构成事物的原子群不断地流射出事物的影像，这些影像作用于人的感官和心灵，便产生了人的感觉和思想。

奇特的电离理论

根据化合物在溶液里或熔化状态时的导电性，可以把化合物分成两大类——电解质与非电解质。

实验时，将两个电极分别插入盛有食盐晶体、食盐溶液、氢氧化钠晶体、氢氧化钠溶液、无水硫酸、硫酸溶液、硝酸钾晶体、硝酸钾溶液、熔化的硝酸钾、蔗糖晶体、蔗糖溶液、酒精溶液、蒸馏水的容器中，观察灯泡是不是发光，可测知该物质能不能导电。

  实验结果表明，食盐、氢氧化钠、硝酸钾、无水硫酸都不能导电，蒸馏水也几乎不能导电，可是把这些不导电的物质溶解在导电能力极弱的水里，其溶液却都能导电。硝酸钾不但在溶液里能够导电，它在熔化状态下也能够导电（食盐、氢氧化钠也是这样）。至于蔗糖、酒精，无论是它们的纯净物还是水溶液都不能导电。

  在水溶液里或熔化的状态下能够导电的化合物叫作电解质。食盐、氢氧化钠、硝酸钾、无水硫酸以及其他酸、碱、盐等都是电解质。在上述情况下不能导电的化合物叫作非电解质。蔗糖、酒精以及大多数有机化合物都是非电解质。

  对电解质在溶液里的导电性和其他行为，经过瑞典化学家阿累尼乌斯（1859—1927）进行多方面研究，于1887年提出了电离理论。要其点如下：

  （1）电解质溶于水中时，立即离解成两种带电的微粒叫作离子，一种是带正电荷的阳离子，另一种是带负电荷的阴离子。在溶液中，阳离子所带正电量的总和与阴离子所带负电量的总和相等，因而整个溶液呈电中性。例如食盐（氯化钠）溶解于水时，即离解成带正电荷的钠离子与带负电荷的氯离子，它们所带正、负电量相等，整个食盐溶液呈电中性。

  （2）离子带有电荷，它与中性原子或分子的性质完全不同。例如金属钠遇水能发生剧烈反应，而钠离子可以存在于水溶液中，和水不起反应。氯气呈黄绿色，有刺激性气味，有毒，而氯离子却无色、无臭，也没有毒。

  （3）当溶液接通直流电源时，离子便开始在溶液中沿着两个相反方向移动。阳离子移向阴极，阴离子移向阳极，并分别在电极上放电，变成中性原子。例如当食盐溶液通电时，钠离子移向阴极放电，变成中性钠原子，钠原子再与水起反应生成氢氧化钠，并在阴极上放出氢气，同时氯离子移向阳极放电，变成中性氯原子，氯原子再结合成氯分子，在阳极上放出氯气。阿累尼乌斯电离理论的重要之处，在于他确定了电解质在溶液中的离解，并非由于电流的作用。在没有通入电流以前，溶液中就已存在有带电的离子，这种现象叫作电离。通入电流，只是使离子移向电极，并在电极上放电。正是由于离子在溶液中的定向移动，从而起着传导电流的作用。

硝酸钾

硝酸钾俗称火硝或土硝，它是黑火药的重要原料和复合化肥。制取硝酸钾可以用硝土和草木灰做原料。土壤里的有机物腐败后，经亚硝酸细菌和硝酸细菌的作用，生成硝酸。硝酸根与土壤里的钾、钠、镁等离子结合，形成硝酸盐。硝土中的硝酸盐就是这样来的。硝土一般存在于厕所、猪、牛圈，庭院的老墙脚、崖边、岩洞以及不易被雨水冲洗的地面。硝土潮湿，不易晒干，经太阳曝晒后略变紫红色。好的硝土放在灼红的木炭上会爆出火花。

阴、阳离子

原子由原子核及其周围的带负电的电子所组成。原子核由带正电的质子和不带电的中子构成，由于质子所带的正电荷数与电子的负电荷数相等，所以原子是中性的，原子最外层的电子称为价电子。所谓电离，就是原子受到外界的作用，如被加速的电子或离子与原子碰撞时使原子中的外层电子，特别是价电子摆脱原子核的束缚而脱离，原子成为带一个或几个正电荷的离子，这就是阳离子。如果在碰撞中原子得到了电子，则会成为阴离子。

体积间的数量关系

法国科学家盖·吕萨克（1778—1850）最先用定量方法研究气体间的反应。他从1804年起，花了近5年的时间，从许多气体反应中，分别测定参加反应的和反应生成的各气体的体积，结果发现它们的体积之间总是存在一个简单的数量关系。例如：

在氢气和氯气化合成氯化氢气体的反应中，由一体积氢气和一体积氯气生成一体积氯化氢，它们之间的体积比为1：1：2。在氢气和氧气化合成水的反应中，由二体积氢气和一体积氧气生成二体积水蒸气，它们之间的体积比为2：1：2。盖·吕萨克从许多气体反应的研究中，总结出气体反应体积定比律：在同温同压下，参加反应的气体和反应后生成的气体体积间互成简单整数比。

这个定律给人们提出一个新问题：既然在化学反应中，各气体体积之间存在着简单整数比，说明气体具

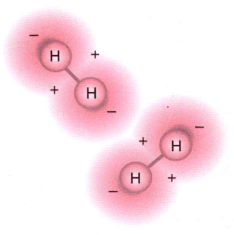

氢气分子

有某种相同的基本性质。当时化学界权威瑞典的贝采里乌斯（1779—1848）认为这种基本性质，乃是由于在同温同压下，同体积的各种气体中含有相同数目的原子。但是人们发现这个假定和许多实验结果相矛盾。例如，当氢气和氯气化合成氯化氢气体时，如果按照这个假定，则一体积氢气和一体积氯气只能生成一体积氯化氢气体。或者说，一个氢原子和一个氯原子只能生成一个氯化氢的"复杂原子"。可是实验结果却得到二体积氯化氢气体。其中含有的氢原子和氯原子都比原有的增多了一倍，这样势必要原来的氢原子和氯原子都分割为二不可，但这和道尔顿原子论有抵触。在其他气体反应中，也会遇到类似这样的矛盾。一直到1811年意大利物理学家阿佛加德罗在化学上引入了分子的概念后，这个矛盾才得到解决。

现在已经发现自然界共有106种元素，其中有些元素在几千年前就发现了，有的则刚刚发现不久。各种元素所呈现出来的性质，也是十差万别，各不相同的。例如，有的在空气中很容易点燃，有的放在炉子里烧上几天几夜和没有烧过的一样，有的一遇到水就发生剧烈反应甚至爆炸，有的放在水里煮很长时间都没有变化。但是，在这些元素之间究竟有没有内在的联系呢？对这个问题，从19世纪初开始，就不断有人进行研究。起先有人发现，如果

把性质相似的三种元素，按原子量大小顺序排列，那么，中间的那种元素的原子量，近似地等于前后两种元素原子量的平均值。例如，锂、钠、钾三种元素性质非常相似，它们都是金属，和水都能发生剧烈反应，放出氢气。锂和钾的原子量分别为 7 和 39.1，而钠的原子量为 23，和锂、钾原子量的平均值差不多相等。后来，又有一些人在这方面做过不少探讨，进一步揭示了元素的性质和它们的原子量之间存在着一定的关系。虽然他们没有总结出一条完整的规律，但为后来的工作打下了良好的基础。

1867 年，俄国化学家门捷列夫（1834—1907）在前人工作的基础上，仔细研究了各种元素的性质，分析总结了很多实验数据，对大量的感性材料，经过一番去粗存精、去伪存真、由此及彼、由表及里的改造和处理后，归纳出一个很重要的自然规律，叫作元素周期律：元素的性质随着原子量的增加而周期地改变（这里所谓的"周期"，是指每隔一定数目的元素后，后面元素重复出现与前面元素相似的性质）。1869 年，门捷列夫公布了这个研究结果。同时，他把当时已知的 63 种元素依据这一规律排成第一个元素周期表。

在周期表里，他还留下了一些当时未知元素的空位，并预言这些尚未发现的元素的性质。其后不到 20 年内，相继发现的新元素镓、钪、锗，正是门捷列夫预言的类铝、类硼和类硅，它们的所有性质，几乎和门捷列夫所预言的一样。

元素周期律在国际上赢得很高的评价，曾被誉为近代化学史上继道尔顿提出原子论后的又一个里程碑。随着原子结构理论的建立，进一步揭示了元素周期律的实质。元素周期律现代更严密的表述应该是：元素的性质随着元素原子序数（元素在周期表里按次序排列的号码，也就是各元素的核电荷数）的增加而呈周期性的变化。

1871 年门捷列夫排元素周期表时，给未发现的元素在周期表上留下了空位。他根据同族元素的性质相似的原理，往空格里填进了 11 种自己臆造的新元素，并给它们分别定名为"类硼"、"亚钡"、"亚碲"、"亚镧"、"亚钼"、"亚锰"、"三锰"、"亚铯"、"亚碘"、"类铝"、"类硅"。他又预言这些尚未发现的元素会具有同样的性质。他甚至说明了它们的形状、原子量以及它们同别的元素化合而成的化合物。

门捷列夫之所以这样做，是因为他坚信自己发现的周期律是正确的。

好几年过去了，门捷列夫周期表中的空格还是空着，只有一些幽灵般的、臆造的物质在里面。谁也不重视它们，更糟的是人们简直忘掉了它们。

四年后的一天即1875年9月20日，巴黎科学院召开例会。院士伍尔兹上台做了报告以后，又代表他的学生列科克请求拆阅一包三星期前由他转交科学院秘书的文件。文件拆开了，里面有封信，是列科克写的。会上当众宣读了信的内容。

信中，列科克叙述他在比利牛斯山中皮埃耳菲特矿山所产的闪锌矿中发现了一种新元素，这种元素是从极少的几滴锌盐溶液中提取出来的，它小到只能在显微镜下才看得出来。因此，列科克不敢立刻把这件事向世界公布。只是把有关他的发现第一个寄给科学院伍尔兹院士。

这一消息是在得到新发现3个星期之后寄出的。这时，他手头已积下了整整1毫克（1/1 000克）的未知物质。已经可以肯定他手头的物质是一种新元素了。于是他建议把这一新元素定名为镓，来纪念他的祖国（因为镓的拉丁文是法国古时的名称）。

当巴黎科学院的会议记录经过遥远的路途传到彼得堡的时候，门捷列夫好像听到雷响似的，大吃一惊。

这个法国人在比利牛斯山中发现的东西，正是门捷列夫早在5年前就提到的类铝。门捷列夫的预言完全符合实际，一切都应验了，连他所说的"类铝是一种易挥发的物质，将来一定有人利用光谱分析术把它查出来"，也应验了。

门捷列夫看见自己的预言这样辉煌地变成了现实，自己也大为震惊。于是他立刻给巴黎科学院写了一封快信："镓，就是我预言的类铝。它的原子量接近68，密度在5.9上下。请您研究吧，再查一查吧……"

全世界的化学家现在都紧张地注意起巴黎科学院的会议记录来了。因为这真太有趣了，一位科学家坐在彼得堡他的书房里做预言，另一位则在巴黎摆弄他的烧瓶和烧杯，借着精确的测量和实验，证实了那位科学家所做的预言。

然而他们俩在镓的密度上却发生了争论。列科克提纯了一块儿新物质，质量只有1/15克，测定出它的密度等于4.7。可是门捷列夫在彼得堡固执地说："不对！应该是5.9，您再查一查吧，您那块儿物质也许还不够纯。"

列科克用了一大块儿物质重新测了一次。结果他承认说："是的，门捷列夫先生，您没有错，镓的密度的确是 5.9。"这是周期律的第一次伟大胜利。接着，1879 年斯堪的纳维亚半岛上有两位科学家，尼尔生和克勒维，差不多同时在稀有的矿物硅铍钇矿中，找到了一种新元素。他们给它取名叫钪（钪就是斯堪的纳维亚的意思）。可是还没有来得及着手研究它的性质，立刻就发现这也是位"老相识"。它就是门捷列夫预言的类硼，周期表上早已给它留下了空格。

门捷列夫的最辉煌的胜利，出现于 1885 年德国人温克勒再次发现一种新元素的时候。这种新元素是在希美尔阜斯特矿山的含银矿石中找到的，温克勒给它定名为锗（就是日耳曼的意思），这个新元素恰好可以填入周期表第 32 格，那也是个"空格"。其中暂时的住客是类硅。预言的类硅和真实的锗，它们的性质竟吻合到使人难以置信的地步。

门捷列夫在 1870 年预言说，碳和硅那一族里将要出现一种新元素，这种新元素一定会是深灰色的金属。

15 年后，温克勒果然找到了一种新元素，同碳和硅十分相似，并且真是一种有金属光泽的深灰色物质。

"它的原子量大约是 72，"门捷列夫预言说。温克勒在 15 年后用实验加以证实。

"它的密度应该在 5.5 左右，"门捷列夫说。

"5.47，"温克勒证实。

门捷列夫：新元素的氧化物，会是很难熔化的，即使用烈火来烧它，也不可能使它熔化，它的密度将是 4.7。

温克勒：正是这样。

门捷列夫：新元素跟氯化合而成的物质，密度大约是 1.9。

温克勒：我证实这句预言说得对，密度是 1.887。

人们在化学元素周期律的指导下，逐个发现了门捷列夫在 1871 年所预言的 11 种元素。1898 年发现了两种新元素镭与钋——即门捷列夫预言的亚钡和亚碲；1899 年发现了锕——即门捷列夫预言的亚镧；1911 年发现了镤——即门捷列夫预言的亚钽；1937 年发现了锝——即门捷列夫预言的亚锰；1937 年发现了钫——即门捷列夫预言的亚铯；1940 年发现了砹——即门捷列夫预言的亚碘。

门捷列夫

德米特里·门捷列夫（1834—1907），19世纪俄国化学家，他发现了元素周期律，并就此发表了世界上第一份元素周期表。

1907年2月2日，这位享有世界盛誉的俄国化学家因心肌梗死与世长辞，那一天距离他的73岁生日只有6天。

他的名著、伴随着元素周期律而诞生的《化学原理》，在19世纪后期和20世纪初，被国际化学界公认为标准著作，前后共出了8版，影响了一代又一代的化学家。

119号元素

俄罗斯科学家宣布，他们找到了元素周期表上的第119号元素。

位于俄罗斯叶卡捷琳堡市的全俄发明家专利研究院迎来了一位特殊的客人，他是一名工程师，来自斯维尔德洛夫州，他声称自己发现了元素周期表上的第119号元素，并希望获得此项专利。

这名工程师不愿意透露自己的姓名，也没有向外界透露这种元素的合成方法，他向研究院的专家们讲术：从重量上看，第119号元素是氢元素的299倍，也就是说，其原子量为299；它是元素周期表上尚未记录的新元素，并最终完成元素周期表。

如果第119号元素重量是氢元素299倍的说法是正确的，那么它将元素周期表补齐的说法虽不能说是错误的，但让人感到十分费解。因为这种元素如果存在，它将开启元素周期表的第八个横列，位于左下角第一个位置，而这与完成元素周期表的说法相悖。

众所周知，元素周期表上最后一个元素是第118号元素，为稀有气体元素，由美、俄科学家利用俄方的回旋加速器成功合成了118号超重元素，在2006年，这一结果得到了承认，118号元素的原子量为297，只存在万分之一秒。此后，118号元素衰变产生了116号元素，接着又继续衰变为114号元素。

有机结构理论

有机化合物和无机化合物之间虽然没有严格的界限。但它们还是有不少区别的。经过许多科学家的研究，认为有机化合物之所以如此众多，具有这些特性，是与它们的组成元素的原子，特别是与碳元素原子的性质分不开的。

1861年，俄国化学家布特列洛夫（1828—1886）在德国自然科学研究人

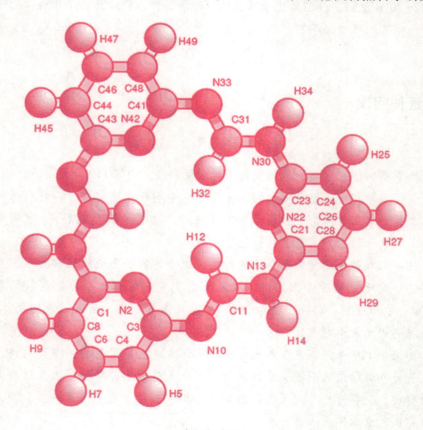

有机化合物

员的一次会议上，宣读了"关于物质的化学结构问题"的报告，为人们对有机化合物的深入研究翻开了新的一页。其后，布特列洛夫本着这种见解，和他的学生一道又进行了广泛的实际研究工作，不仅合成了一些新的化合物，并使他所提出的化学结构理论进一步得到证实。这个理论，对有机化合物的分子结构，概括出以下几点主要内容：

（1）在有机化合物里，碳原子都是4价，分子中的各原子是按照它们的化合价（如氢原子是1价，氧原子是2价等）相互结合的。在化合物中没有剩余的化合价。例如，甲烷、甲醇的分子结构，C、H、O分别代表碳、氢、氧元素的原子，元素符号周围的短线（化学上叫作价键）数，表示该元素的化合价数。

（2）分子中的各原子按照一定的顺序互相结合。碳原子间彼此可以相互结合成链状或环状。

（3）物质的性质不仅取决于分子组成，而且也取决于分子结构，即与分子中原子间相互结合的顺序有关。从乙醇和乙醚的结构式中可以看出，它们的分子组成（即分子中含有原子的种类和数目）相同，但它们的分子结构（即分子中原子间相互结合的顺序）不同，因而是性质很不相同的两种物质。

（4）分子中的各原子并不是孤立存在的，而是相互影响着的，这种影响也决定着分子的性质。影响最大的是直接相连的原子。

知识点

有机化合物

有机化合物主要由氧元素、氢元素和碳元素组成。有机物是生命产生的物质基础。脂肪、氨基酸、蛋白质、糖、血红素、叶绿素、酶、激素等都含有有机物。生物体内的新陈代谢和生物的遗传现象，都涉及有机化合物的转变。此外，许多与人类生活关系密切的物质，例如石油、天然气、棉花、染料、化纤、天然和合成药物等，均属有机化合物。

延伸阅读

有机物的命名

以前，人们已知的有机物都从动、植物等有机体中取得，所以把这类化合物叫作有机物。到19世纪20年代，科学家先后用无机物人工合成了许多有机物，如尿素、醋酸、脂肪等，从而打破了有机物只能从有机体中取得的观念。但是，由于历史和习惯的原因，人们仍然沿用有机物这个名称。

"有机"这个历史性名词，可追溯至19世纪，当时生机论者认为有机化合物只能以生物合成，此理论基于有机物与"无机"的基本区别，无机物不会被生命力合成而来。但后来这一理论被推翻，1828年，德国化学家维勒首次用无机物氰酸铵合成了有机物——尿素。但这个重要发现并没有立即得到其他化学家的承认，因为氰酸铵尚未能用无机物制备出来。直到柯尔柏在1844年合成了醋酸，柏赛罗在1854年合成了油脂等，有机化学才进入了合成时代，大量的有机物被用人工的方法合成出来。

人类使用有机物的历史很长，世界上几个文明古国很早就掌握了酿酒、造醋和制饴糖的技术。据记载，中国古代曾制取到一些较纯的有机物质，如没食子酸、乌头碱、甘露醇等；16世纪后期，西欧制得了乙醚、硝酸乙酯、氯乙烷等。由于这些有机物都是直接或间接来自动植物体，因此，那时人们仅将从动植物体内得到的物质称为有机物。

人工合成有机物的发展，使人们清楚地认识到，在有机物与无机物之间并没有一个明确的界限，但在它们的组成和性质方面确实存在着某些不同之处。从组成上讲，所有的有机物中都含有碳，多数含氢，其次还含有氧、氮、卤素、硫、磷等，因此，化学家们开始将有机物定义为含碳的化合物。

物质总量恒定不变

在化学反应里，一些物质发生化学变化，生成了另外一些新的物质。那么，参加反应的物质和生成的物质之间，在量的关系上是怎样的呢？也就是说，在化学反应的前后，物质的总量有没有变化呢？

对于这个问题，早在公元前5世纪，希腊哲学家就曾提出关于"物质根本不能消灭，也不能重新创造"的想法。一直到7世纪，这种认为"宇宙间物质的总量永恒不变"的思想，仅仅是哲学家们的一种哲学推理，并未引起当时化学家的重视，因为他们还没有注意到化学过程的定量研究。最早认识到量的测定在化学中的重要性的是俄国科学家罗蒙诺索夫（1711—1765），他在化学实验中经常借助天平的帮助进行定量研究。

1756年，他通过金属在密闭容器里煅烧的实验，发现金属虽已发生了化学变化，变成了其他物质，而容器里所有物质的总量并没有改变，证实了在化学反应中物质的总量始终恒定不变。并由此确定了化学中的一个基本定律，这个定律，现在叫作质量守恒定律：参加化学反应的各物质的质量总和，恒等于反应后生成的各物质的质量总和。

在化学反应中，物质可以互相转变，但物质的总量既不会增加，也不会减少。有人会想到煤燃烧后，剩下了一堆煤灰，它的质量比煤的质量无疑是减少了，这和质量守恒定律似乎有矛盾。其实不然，当煤燃烧时，煤中的主要成分——碳和氢跟空气中的氧气发生了化学反应，生成的二氧化碳和水蒸气全都逸散到空气中去了。如果把它们收集起来，称出它们的总质量，再加上煤灰的质量，则和烧掉的煤以及帮助煤燃烧用的氧气的总质量，也必然相等，和质量守恒定律并没有矛盾。

质量守恒定律的建立，对当时化学科学的发展起着推动作用。它给定量化学分析奠定了科学的基础，为我们精确地进行物质组成和化学反应的研究提供了理论依据。

金 属

金属是一种具有光泽（即对可见光强烈反射）、富有延展性、容易导电、导热等性质的物质。金属的上述特质都跟金属晶体内含有自由电子有关。

在自然界中，绝大多数金属以化合态存在，少数金属例如金、铂、银、铋等以游离态存在。金属矿物多数是氧化物及硫化物。其他存在形式有氯化物、硫酸盐、碳酸盐及硅酸盐。连接金属的是金属键，因此随意更换位置都可再重新建立连接，这也是金属伸展性良好的原因。金属元素在化合物中通常只显正价。

延伸阅读

基元反应

基元反应是如何发生的？传统观点认为，反应物碰撞形成所谓活化复合物。碰撞的动能使活化复合物获得更高的能量，导致构成反应的键结重组。但是，这种观点导致了一个困境：活化复合物的结构和能量不能同时确定，否则有悖于测不准原理。所以，一些物理学家认为，实际上这些复合物未必真的存在，而是能量空间的一些隔离面。相对的活化络合物的观点更多地为实验化学家所接受，因为在描述反应机理时比较方便。现代理论化学已经可以精确地计算速率常数。对于一些比较简单的反应，整个过程的态分辨信息也可以获得。

放射学的诞生

1895年11月的一个夜晚，一个蓄着络腮胡子的男人像往常一样守在实验室用一只气体放电管做实验，这个人就是维尔茨堡大学物理学院的教授伦琴。

突然，伦琴发现一块儿偶然放在电子管玻璃壳下的荧光纸发光。伦琴觉得很奇怪，它为什么会发光呢？这张纸对来自气体放电管的灯光本来是不会产生感应的。他用黑色纸板罩住了电子管玻璃壳，但是纸仍一直发出荧光，这时，伦琴把他的手放到了气体放电管和荧光纸之间，他吓了一跳，他看见了自己手的骨骼。之后，他用照相的底版代替了荧光纸，又拿书、纸牌、木块、金属等部件多次进行实验，终于发现了这个奇特的射线。然后，他写了《关于一种新的射线》的报告并于1896年元旦寄给了国内外的同行。伦琴的发现震撼了整个世界。

1901年，第一次颁发诺贝尔奖时，瑞典皇家科学院决定把诺贝尔物理学奖授予伦琴。但他不申请专利，他认为他的发现应该贡献给整个人类。1923年，伦琴因患肠癌在慕尼黑逝世。为了纪念他，人们把他发现的这种穿透力很强的射线命名为"伦琴射线"，也就是现在广为人知的X射线。由于X射线的发现，使医生不用手术就能看到人体的内脏，给诊疗工作带来极大方便。

伦 琴

今天，X射线被广泛地应用于各个领域。

伦琴曾为揭示穿透力很强的射线的物理属性做了很大努力，然而他没有成功。后来德国物理学家马克斯·冯·劳厄才发现，X射线也是电磁波，与可以看到的光线相似，只不过波长更短，穿透力更强。于是，辐射物理学时兴起来。科学家们不断拓展新的研究领域，

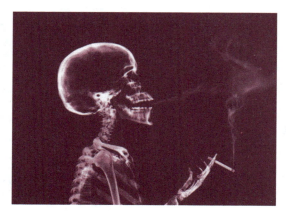

人体X光图

原子的内部结构被揭示了，放射学成为一门独立的科学，进而量子物理学也诞生了。

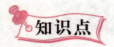

诺贝尔奖

诺贝尔奖是以瑞典著名的化学家、硝化甘油的发明人阿尔弗雷德·贝恩哈德·诺贝尔的部分遗产（3 100万瑞典克朗）作为基金创立的。诺贝尔奖分设物理学、化学、生理或医学、文学、和平五个奖项，以基金每年的利息或投资收益授予前一年世界上在这些领域对人类做出重大贡献的人，1901年首次颁发。诺贝尔奖包括金质奖章、证书和奖金。1968年，在瑞典国家银行成立300周年之际，该银行捐出大额资金给诺贝尔基金，增设"瑞典国家银行纪念诺贝尔经济科学奖"，1969年首次颁发，人们习惯上称这个额外的奖项为诺贝尔经济学奖。

诺贝尔奖金和奖品

诺贝尔奖的奖金是以瑞典的货币克朗颁发的，每年的奖金金额视诺贝尔基金的投资收益而定，1901年第一次颁奖的时候，每单项的奖金为15万瑞典克朗，当时相当于瑞典一个教授工作20年的薪金。1980年，诺贝尔奖的单项奖金达到100万瑞典克朗，1991年为600万瑞典克朗，1992年为650万瑞典克朗，1993年为670万瑞典克朗，2000年单项奖金达到了900万瑞典克朗（当时约折合100万美元）。从2001年到2011年，单项奖金均为1 000万瑞典克朗（在2011年，折合约145万美元）。金质奖章约重270克，内含黄金，奖章直径约为6.5厘米，正面是诺贝尔的浮雕像。不同奖项，奖章的背面图案不同，每份获奖证书的设计和词句都不一样。颁奖仪式隆重而简朴，每年出席的人数限于1 500～1 800人；男士必须穿燕尾服或民族服装，女士要穿庄重的晚礼服；仪式中的所用白花和黄花必须从意大利小镇圣莫雷（诺贝尔逝世的地方）空运而来。

阿佛加德罗定律

根据贝采里乌斯提出的假说——"在同温同压下，同体积的各种气体含有相同数目的原子"来解释为什么在化学反应中各气体体积间会存在着简单整数比的关系，和许多气体反应的实验数据有矛盾。为了解决这个矛盾，意大利物理学家阿佛加德罗（1778—1858）引进分子的概念。他认为分子是任何物质中能够独立存在的最小微粒，并保留原子是元素在各种化合物中的最小量的看法。同时指出，单质的分子常由几个相同的原子组成，它在化学反应中能分解成单个原子。在这个概念的基础上，他提出了有名的阿佛加德罗假说：在同温同压下，相同体积的任何气体都含有相同数目的分子。从这个假说出发，就能满意地解释气体间反应的体积关系了。

例如，在相同条件下，一体积氢气含有 n 个氢分子，一体积氯气也含有 n 个氯分子，反应后生成二体积氯化氢气体，即生成 $2n$ 个氯化氢分子。显然，每个氢分子或氯分子都是由两个氢原子或两个氯原子组成，在反应中，它们分解成单个原子，并各以一个原子相互化合组成氯化氢分子。

同样，二体积氢气和一体积氧气相互作用时，得到二体积水蒸气。或者说，两个氢分子和一个氧分子化合生成两个水分子，即每两个氢原子和一个氧原子组成一个水分子。阿佛加德罗假说，受到当时化学权威贝采里乌斯和道尔顿等人的反对，没有即时被公认。等到几十年后，由于意大利化学家卡尼查罗在国际化学会议上，从阿佛加德罗的分子概念出发，提出一系列实验工作结果，这个几乎已被

分子结构图

遗忘的假说才得到普遍承认。现在这个假说，经过实践证实，已被认为是一个有普遍真理意义的定律——阿佛加德罗定律。而道尔顿原子理论也随着分子概念的引入，发展成较为完善的原子论了。

氯气

氯气常温常压下为黄绿色气体，经压缩可液化为金黄色液态氯，是氯碱工业的主要产品之一，用作强氧化剂与氯化剂。氯混合5%（体积）以上氢气时有爆炸危险。氯能与有机物和无机物进行取代或加成反应生成多种氯化物。

氯在早期主要用于制作漂白剂，广泛应用于造纸、纺织等工业。

化合物与混合物的主要区别

化合物组成元素不再保持单质状态时的性质；混合物没有固定的性质，各物质保持其原有性质（如没有固定的熔点和沸点）。

化合物组成元素必须用化学方法才可分离。

化合物组成通常恒定，是纯净物，并可以用一种化学式表示。混合物由不同种物质混合而成，没有一定的组成，不能用一种化学式表示。

科学的色谱法

色谱法又称色谱分析、色谱分析法、色层分析法、层析法，是一种分离和分析方法，在分析化学、有机化学、生物化学等领域有着非常广泛的应用。色谱法利用不同物质在不同状态的选择性分配，以流动相对固定的混合物进行洗脱，混合物中不同的物质会以不同的速度沿固定相移动，最终达到分离的效果。色谱法起源于20世纪初，50年代之后飞速发展，并发展出一个独立的三级学科——色谱学。历史上曾经先后有两位化学家因为在色谱领域的突出贡献而获得诺贝尔化学奖，此外色谱分析方法还在12项获得诺贝尔化学奖的研究工作中起到关键作用。

1906年，俄国植物学家米哈伊尔·茨维特用碳酸钙填充竖立的玻璃管，以石油醚洗脱植物色素的提取液，经过一段时间洗脱之后，植物色素在碳酸钙柱中实现分离，由一条色带分散为数条平行的色带。由于这个实验将混合的植物色素分离为不同的色带，因此茨维特将这种方法命名为色谱法。

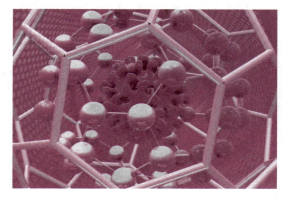

色谱法

茨维特并非著名的科学家，他对色谱的研究以俄语发表在俄国的学术杂志之后不久，第一次世界大战爆发，欧洲正常的学术交流被迫终止。这些因素使得色谱法问世后十余年间不为学术界所知，直到1931年德国柏林威廉皇帝研究所的库恩将茨维特的方法应用于叶红素和叶黄素的研究，库恩的研究获得了广泛的承认，也让科学界接受了色谱法，此后的一段时间内，以氧化铝为固定相的色谱法在有色物质的分离中取得了广泛的应用，这就是今天的吸附色谱。

1938年阿切尔·约翰·波特·马丁和理查德·劳伦斯·米林顿·辛格准备利用氨基酸在水和有机溶剂中的溶解度差异分离不同种类的氨基酸，马丁早期曾经设计了逆流萃取系统以分离维生素，马丁和辛格准备用两种逆向流动的溶剂分离氨基酸，但是没有获得成功。后来他们将水吸附在固态的硅胶上，以氯仿冲洗，成功地分离了氨基酸，这就是现在常用的分配色谱。在获得成功之后，马丁和辛格的方法被广泛应用于各种有机物的分离。1943年马丁和辛格又发明了在蒸气饱和环境下进行的纸色谱法。

1952年，马丁和詹姆斯提出用气体作为流动相进行色谱分离的想法，他们用硅藻土吸附的硅酮油作为固定相，用氮气作为流动相分离了若干种小分子量的挥发性有机酸。

硅藻土

气相色谱的出现使色谱技术从最初的定性分离手段进一步演化为具有分离功能的定量测定手段，并且极大地刺激了色谱技术和理论的发展。相比于早期的液相色谱，以气体为流动相的色谱对设备的要求更高，这促进了色谱技术的机械化、标准化和自动化；气相色谱需要特殊和更灵敏的检测装置，这促进了检测器的开发；而气相色谱的标准化又使得色谱学理论得以形成色谱学理论中有着重要地位的塔板理论和范第姆特方程，保留时间、保留指数、峰宽等概念也都是在研究气相色谱行为的过程中形成的。

色谱过程的本质是待分离物质分子在固定相和流动相之间分配平衡的过程，不同的物质在两相之间的分配会不同，这使其随流动相运动速度各不相同，随着流动相的运动，混合物中的不同组分在固定相上相互分离。根据物质的分离机制，又可以分为吸附色谱、分配色谱、离子交换色谱、凝胶色谱、亲和色谱等类别。

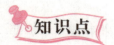

知识点

氨基酸

氨基酸是含有氨基和羧基的一类有机化合物的通称，是生物功能大分子蛋白质的基本组成单位，是构成动物营养所需蛋白质的基本物质。氨基连在α–碳上的为α–氨基酸。天然氨基酸均为α–氨基酸。

凝胶色谱

凝胶色谱的原理比较特殊，类似于分子筛。待分离组分在进入凝胶色谱后，会依据分子量的不同，进入或者不进入固定相凝胶的孔隙中，不能进入凝胶孔隙的分子会很快随流动相洗脱，而能够进入凝胶孔隙的分子则需要更长时间的冲洗才能够流出固定相，从而实现了根据分子量差异对各组分的分离。调整固定相使用的凝胶的交联度可以调整凝胶孔隙的大小；改变流动相的溶剂组成会改变固定相凝胶的溶涨状态，进而改变孔隙的大小，获得不同的分离效果。

《天工开物》

宋应星（1587—约1667），字长庚，江西奉新人。他是我国明代著名的科学家，其所著《天工开物》一书，是我国和世界科学史上的一部有关农业和手工业技术的百科全书。

宋应星出身于一个日趋衰落的地主家庭。为重振门风，他走上科举之路，不想竟"五上公车不第"，于是毅然放弃科举仕途，转向研究"与功名进取毫不相关"的"家食之问"，即实学。

宋应星的传世之作《天工开物》，书成于崇祯十年（1637年），全书共18卷。按"贵五谷而贱金玉"的指导思想，宋应星将全书分

宋应星

为乃粒、乃服、彰施（染色）、粹精（粮食加工）、作咸、甘嗜（制糖）、陶埏、冶铸、舟车、锤锻、燔石（焙烧）、膏液（油脂）、杀青（造纸）、五金、佳兵（兵器）、丹青、曲蘖（制曲）、珠玉诸卷。《天工开物》内容十分丰富，涉及当时的农业、手工业、交通运输和国防等几个主要部门，插图有122幅，图文并茂地记述了当时（明末）居于世界先进水平的技术成就、科学创造和生产方法。

《天工开物》是我国科技史上第一部关于农业与手工业生产技术工艺的综合性百科全书。我国封建社会的传统观念是重农轻工商，这也使得科技史上关于农业的书籍不少，而关于手工业的著作不多。与《天工开物》相近时间问世的《农政全书》、《徐霞客游记》以及《本草纲目》各自偏重于农、地理、医药方面，独有《天工开物》一书，不但系统地总结了我国传统农业的技术成就，而且也系统地总结了我国传统手工业的技术成就。以后在清朝康熙时官方编写的《古今图书集成·经济汇编·考工典》中关于手工业技术的内容，很多就是从《天工开物》里全文照录下来的。

由于宋应星在撰写《天工开物》时，家境已非常贫困，"缺陈思之馆"，"乏洛下之资"，无法与西方科技知识人士相接触，因此他受到当时传入中国的西方科技影响是很小的。他主要是利用家乡及附近沿海省份农业、手工业比较兴盛，乡人及朋友经营工商业者较多的有利条件，根据亲身闻睹写成《天工开物》，该书反映的绝大部分是我国固有的传统农业、手工业生产工艺和操作技术。当然，这之外也有少量的外来技术，如日本刀、朝鲜纸、红夷炮等。

《天工开物》是一本注重实验和数据的佳作。为著作此书，宋应星身体力行地把其见闻当作写书的途径，把实验与否当作写书的取舍，把实验数据当作写书的材料。如在《膏液》一卷中他只列举了10多种油料作物的榨油率，而"其他未穷究试验与夫一方已试而他方未知者，尚有待云"。又如，《燔石》卷中他指出砒霜"生人食过分厘立死"，这与近代研究出来的数据相一致，这些都反映了宋应星治学严谨的科学态度。另外，宋应星还勇于创新，发前人之所未发，言前人之所未言，取得了一些突出的科学成就。在《乃粒》卷中，他记录了不少先前农书中未曾记录的新技术，在《燔石》卷中，他记录了用砒石作为农药，这是中国农业技术史中的一大发明。

《天工开物》也是一本充满朴素唯物主义自然观和技术观的好书。要认识科技和生产，就必须冲破唯心主义羁绊，按照自然的本来面目去认识自然与改造自然。宋应星把这本巨作命名为《天工开物》，表明他强调天工（自然力），又重视人工的改造能力（开物）。诚然，由于时代和认识的局限性，《天工开物》不可避免地存在缺点和不足。然而，从总体上看，《天工开物》具有较高的科学性与思想性，至今仍是一本珍贵的科学史上的无价巨著。

崇祯

明思宗朱由检（1610—1644），明光宗第五子，明熹宗异母弟，明第十六位皇帝，母为淑女刘氏，年号崇祯。于1622年（天启二年）被册封为信王。明熹宗于1627年8月病故后，由于没有子嗣，他受遗命于同月丁巳日继承皇位，次年改年号为"崇祯"。1644年，李自成军攻破北京后于煤山（景山）自缢身亡，终年35岁，在位17年，葬于思陵。

《天工开物》在日本和欧洲的翻刻盛况

大约17世纪末，《天工开物》就传到了日本，日本学术界对它的引用一直没有间断过，早在1771年就出版了一个汉籍和刻本，之后又刻印了多种版本。

19世纪30年代，有人把它摘译成了法文之后，不同文版的摘译本便在欧洲流行开来，对欧洲的社会生产和科学研究都产生过许多重要的影响。如1837年时，法国汉学家儒莲把《授时通考》的"蚕桑篇"，《天工开物·乃服》的蚕桑部分译成了法文，并以《蚕桑辑要》的书名刊载出去，马上就轰动了整个欧洲，当年就译成了意大利文和德文，分别在都灵、斯图加特和杜宾根出版，第二年又转译成了英文和俄文。当时欧洲的蚕桑技术已有了一定发展，但因防治蚕病的经验不足等而引起了生丝之大量减产。《天工开物》和《授时通考》则为之提供了一整套关于养蚕、防治蚕病的完整经验，对欧洲蚕业产生了很大的影响。著名生物学家达尔文亦阅读了儒莲的译著，并称之为权威性著作。他还把中国养蚕技术中的有关内容作为人工选择、生物进化的一个重要例证。

据不完全统计，截至1989年，《天工开物》一书在全世界发行了16个版本，印刷了38次之多。其中，国内（包括大陆和台湾）发行11版，印刷17次；日本发行了4版，印刷20次；欧美发行1版，印刷1次。这些国外的版本包括两个汉籍和刻本，两个日文全译本，以及两个英文本。而法文、德文、俄文、意大利文等的摘译本尚未统计在内。《天工开物》一书在一些地方长时期畅销不滞，这在古代科技著作中并不是经常看到的。

《化学基础》

拉瓦锡出生在一个律师家庭。1754年到1761年在马萨林学院学习。家人想让他当律师，但他本人却对自然科学更感兴趣。1761年他进入巴黎大学法学院学习，获得律师资格。课余时间他继续学习自然科学，从鲁埃尔那里接受了系统的化学教育和对燃素说的怀疑。

1764年到1767年他作为地理学家盖塔的助手，进行采集法国矿产、绘制法国地图的工作。在考察矿产过程中，他研究了生石膏与熟石膏之间的转变，同年参加法国科学院关于城市照明问题的征文活动获奖。1767年他和盖塔共同组织了对阿尔萨斯·洛林地区的矿产考察。1768年，年仅25岁的拉瓦锡成为法兰西科学院院士。

1787年之后拉瓦锡社会职务渐重，用于科学研究时间较少，主要进行化学命名法改革，自己研究成果的总结和新理论的传播工作。他先与贝托莱等人合作，设计了一套简洁的化学命名法。1787年他在《化学命名法》中正式提出这一命名系统，目的是使不同语言背景的化学家可以彼此交流，其中的很多原则加上后来风采里乌斯的符号系统，形成了至今沿用的化学命名体系。接下来，他总结了自己大量的定量实验，证实了质量守恒定律。这个定律的想法并非他独创，在拉瓦锡之前很多自然哲学家与化学家都有过类似观点，但是由于对实验前后质量测试的不准确,有些人开始怀疑这一观点。1740年俄国化学家罗蒙诺索夫曾精确地进行了测定,并且提出了这一定律的描述,但是由于莫斯科大学处于欧洲科学研究的中心之外,所以他的观点没有被人注意到。

基于氧化说和质量守恒定律,1789年拉瓦锡发表了《化学基础》这部集他的观点之大成的教科书,在这部书里拉瓦锡定义了元素的概念,并对当时常见的化学物质进行了分类,总结出33种元素(尽管一些实际上是化合物)和常见化合物,使得当时零碎的化学知识逐渐清晰化。在该书中的实验部分中拉瓦锡强调了定量分析的重要性。最重要的是拉瓦锡在这部书中成功地将很多实验结果通过他自己的氧化说和质量守恒定律的理论系统进行了圆满的解释。这种简洁、自然而又可以解释很多实验现象的理论系统完全有别于燃素说的繁复解释和各种充满炼金术术语的化学著作,很快产生了轰动效应。坚持燃素说的化学家如普列斯特列对其坚决抵制,但是年轻的化学家非常欢迎,这部书也因此与波义耳的《怀疑派的化学家》一样,被列入化学史上划时代的作品。到1795年左右,欧洲大陆已经基本全部接受拉瓦锡的理论。

自然科学

自然科学含括了许多领域的研究,自然科学通常试着解释世界是依照自然程序而运作的,而不是经由神示的方式运作的。自然科学一词也用来定位"科学",是遵守科学方法的一个学科。自然科学是研究无机自然界和包括人的生物属性在内的有机自然界的各门科学的总称。

自然科学认识的对象是整个自然界,即自然界物质的各种类型、状态、属性及运动形式。认识的任务在于揭示自然界发生的现象以及自然现象发生过程的实质,进而把握这些现象和过程的规律性,以便解读它们,并预见新的现象和过程,为在社会实践中合理而有目的地利用自然界的规律开辟各种可能的途径。

符号的多变性

一个符号不仅是普遍的,而且是极其多变的。我们可以用不同的语言表达同样的意思,也可以在同一种语言内,用不同的词表达某种思想和观念。"真正的人类符号并不体现在它的一律性上,而是体现在它的多面性上,它不是僵硬呆板的,而是灵活多变的。"卡西尔认为,正是符号的这三大特性,使符号超越于信号。卡西尔以巴甫洛夫所做的狗的第二信号系统实验为例来予以说明。他认为:"铃声"作为"信号"是一个物理事实,是物理世界的一部分。相反,人的"符号"不是"事实性的"而是"理想性的",它是人类意义世界的一部分。信号是"操作者",而符号是"指称者",信号有着某种物理或实体性的存在,而符号是观念性的、意义性的存在,具有功能性的价值。人类由于有了这个特殊的功能,才不仅仅是被动地接受世界所给予的影响做出事实上的反应,而且能对世界做出主动的创造与解释。正是有了这个符号功能,才使人从动物的纯粹自然世界升华到人的文化世界。

《化学哲学新体系》

1804年夏天,当时在英国已颇有名气的化学家托马斯·汤姆逊拜访了道尔顿。道尔顿向他介绍了自己的原子论,汤姆逊极为欣赏,他抓紧时间,在1807年出版的他所著的《化学体系》一书中,宣传了道尔顿的原子论,从而使这一理论为其他化学家所认识。

道尔顿自己的著作《化学哲学新体系》在1808年才陆续问世。这一名著分两卷,第一卷又分上下两册。在第一卷上册中,他主要论述了物质的结构,详尽地阐明了原子论的由来和发展,包括他关于原子论的基本观点。第一卷下册于1810年出版,它的内容主要是结合化学实验的事实,运用原子理论对一些元素和化合物的组成、性质做以介绍。第二卷直到1827年才出版,它重点叙述了金属氧化物、硫化物以及合金的性质,把原子论的思想做了进一步的发展。

最早提出原子论的是古希腊哲学家德谟克利特（前476—前370），他认为物质是由许多微粒组成的，这些微粒叫原子，意思是不可分割，许多后人都接受了德谟克利特的观点，但是他们的假定只是凭想象，并无实验根据。近代科学巨人牛顿也是一位原子论者，但他笔下的原子乃是一些大小不同而本质相同的微粒。道尔顿的原子论就不一样，他认为相同元素的原子形状和大小都一样，不同元素的原子则不同，每种元素的原子质量都是固定不变的，原子量是元素原子的基本特征。相比之下，可以发现道尔顿的原子论有了本质的发展。

道尔顿原子论所提出的新概念和新思想，很快成为化学家们解决实际问题的重要理论。首先用它清晰地解释了当时正被运用的定比定律、当量定律。同时这一理论使众多的化学现象得到了统一的解释。特别是原子量的引入，原子质量是化学元素基本特征的思想，引导着化学家把定量研究与定性研究结合起来，从而把化学研究提高到一个新的水平。革命导师恩格斯评价说，"在化学中，特别感谢道尔顿发现了原子论，已达到的各种结果都具有了秩序和相对的可靠性，已经能够有系统地，差不多是有计划地向还没有被征服的领域进攻，可以和计划周密地围攻一个堡垒相比。"

道尔顿的原子论不仅在英国化学界，而且在整个科学界引起了重视和推崇。1816年，法国科学院选道尔顿为外国通讯院士。1822年，在没有征求道尔顿本人意见的情况下，英国皇家学会增选他为会员。其后他先后被聘为柏林科学院名誉院士、莫斯科自然科学爱好者协会名誉会员、慕尼黑科学院名誉院士。对此道尔顿没有丝毫兴趣，他仍然像过去一样，将自己的热情和精力奉献给科学，继续从事原子论的研究，测定各种元素的原子量，继续过着那朴实而紧张的隐居式生活。道尔顿的清贫生活，特别是那简陋的住房和艰苦的工作条件，使慕名来访的科学家感到意外。由于他们的大声呼吁，英国政府才在1833年关心起道尔顿的生活，决定每年给他150英镑的微薄的养老金，以供他晚年生活。

1837年4月，他刚过70岁，不幸中风，后经治疗，病情有所好转，便又像往常那样继续工作。直到1844年7月26日晚，他还用发抖的手记下最后一篇气象日记。第二天清晨，他就像婴儿入睡一样静静地长眠了，享年77岁。对道尔顿的逝世，曼彻斯特市民们感到非常悲痛，当时的市政厅立即做

出决定，授予这位科学家以荣誉市民的称号，将他的遗体安放在市政厅。4万多市民络绎不绝地前去凭吊。8月12日公葬时，有100多辆马车送葬，数百人徒步跟随，沿街商店也都停止营业，以示悼念。一位终身未娶、没有后人也没有钱财的普通市民，在死后能获得这种非同寻常的礼遇，可见人们对道尔顿的崇敬。

英国皇家学会

英国皇家学会是英国资助科学发展的组织。成立于1660年，并于1662年、1663年、1669年领到皇家的各种特许证。英国女皇是学会的保护人。全称"伦敦皇家自然知识促进学会"。学会宗旨是促进自然科学的发展。它是世界上历史最长而又从未中断过的科学学会。它在英国起着全国科学院的作用。

气体分压定律

在任何容器内的气体混合物中，如果各组分之间不发生化学反应，则每一种气体都均匀地分布在整个容器内，它所产生的压强和它单独占有整个容器时所产生的压强相同。也就是说，一定量的气体在一定容积的容器中的压强仅与温度有关。例如，0℃时，1摩尔氧气在22.4升体积内的压强是101.3帕。如果向容器内加入1摩尔氮气并保持容器体积不变，则氧气的压强还是101.3帕，但容器内的总压强增大一倍。可见，1摩尔氮气在这种状态下产生的压强也是101.3帕。

道尔顿总结了这些实验事实，得出下列结论：某一气体在气体混合物中产生的分压等于它单独占有整个容器时所产生的压强；而气体混合物的总压强等于其中各气体分压之和，这就是气体分压定律。

《普通化学概论》

　　1853年奥斯特瓦尔德出生于利沃尼亚地区的里加（当时属于俄国管辖，现为拉脱维亚首都），父亲是一个箍桶匠，母亲是面包师的女儿，两人都是波罗的海德国人。奥斯特瓦尔德是他们的次子。奥斯特瓦尔德少年时被送入自然科学教育和实用技术并重的文实中学进行学习，这使得他较早地接触到了自然科学知识。1872年1月，他进入利沃尼亚地区历史最悠久的多帕特大学（现名塔尔图大学，属爱沙尼亚）就读，在化学家卡尔·施密特和施密特的助手的影响下对化学产生了浓厚的兴趣，学会了有机与分析化学中常用的各种定量分析方法和关于化学亲和力、化学平衡和反应速率方面的基本原理。

　　1875年大学毕业后，奥斯特瓦尔德留在多帕特大学，在物理学家阿瑟·范·奥丁根的指导下，进行了各种物理分析手段的训练，这奠定了他之后一直坚持的研究方向与方法：结合物理手段与化学分析来进行科学研究。他开始对丹麦物理学家尤利乌斯·汤姆森提出的通过测量反应放出的热量来比较化学亲和力的假设产生兴趣。他希望通过测量化学过程中的体积变化和折射率的变化来比较物质的化学亲和力，为此他做了大量的实验，在1878年底以《体积化学与光化学研究》的论文取得博士学位。奥斯特瓦尔德在这一阶段所做的独创性研究，使得他的研究工作开始被科学界所重视。

　　1881年奥斯特瓦尔德回到里加，担任里加综合技术学院（现里加技术大学）的化学教授。他开始建立实验室，开展他感兴趣的化学动力学的研究工

奥斯特瓦尔德

作，希望可以通过比较化学反应的速率来比较各种物质的化学亲和力，为此他在1883年1月对欧洲大陆的先进实验室进行考察，并和当时一流的化学家亥姆霍兹和拜耳等人进行了交流。

奥斯特瓦尔德的色相立体模型

1884年他读到了乌普萨拉大学博士生阿累尼乌斯的毕业论文。阿累尼乌斯在论文中提出了电离假设，不被教授们接受，只得到了很低的分数。奥斯特瓦尔德则很感兴趣，当年夏天，已经在化学界小有名气的奥斯特瓦尔德前往瑞典和阿累尼乌斯见面，这被认为是对初生的电离理论的支持。1885年起奥斯特瓦尔德设计和进行了大量实验，提出通过测量电导来估计弱酸弱碱在稀溶液中的电离度的方法。

奥斯特瓦尔德在里加的另一个重要工作是编写与翻译化学著作。他从1880年开始编著《普通化学概论》这一教科书，并希望用新的物理化学进展来诠释其中的概念。同时他努力宣传阿累尼乌斯和荷兰物理化学家雅各布斯·亨里克斯·范托夫关于化学动力学的工作，这一著作出版后大受欢迎。

知识点

化学平衡

化学平衡是指在宏观条件一定的可逆反应中，化学反应正逆反应速率相等，反应物和生成物各组分浓度不再改变的状态。根据勒夏特列原理，如一个已达平衡的系统被改变，该系统会随之改变来抗衡该改变。

延伸阅读

化学反应速率

化学反应进行的快慢程度（平均反应速度），用单位时间内反应物或生成物的物质的量来表示。在容积不变的反应容器中，通常用单位时间内反应物浓度的减少或生成物浓度的增加来表示。

影响化学反应速率的因素：

主要因素：反应物本身的性质。

外界因素：温度、浓度、压强、催化剂、光、激光、反应物颗粒大小、反应物之间的接触面积和反应物状态。

另外，X射线、γ射线、固体物质的表面积、与反应物的接触面积、反应物的浓度也会影响化学反应速率。

化学反应速率与催化剂有关。

《梦溪笔谈》

沈括（1031—1095），吴兴（今浙江杭州）人，出身于官僚家庭，于嘉佑七年（1062年）中进士。沈括一生仕途坎坷，但在跌宕的一生中，沈括却在我国古代的石油开发、制盐和炼铜技术上，做出了杰出贡献。英国科学史家李约瑟赞许沈括是"中国整个科学史中最卓越的人物"，赞许他的著作《梦溪笔谈》是"中国科学史中最卓越的论著"。

沈括一生博学多艺，这与他一生都能够不为外界干扰所动，始终都孜孜不倦地探索自然规律，献身科学研究的精

沈　括

神是分不开的。沈括青少年时期，便随父亲游历过许多地方，使他有机会耳闻目睹人民群众的各种创造。更重要的是，他随时留心观察，注意探索自然界的客观规律。沈括曾历任昭文馆校勘，提举司天监事等职，得以博览群书；沈括的仕途屡次遭谪，但无论官职大小，他都能坚持科学研究，在任三司使时，他亲临盐场，调查各地食盐生产情况，研究和总结了食盐生产经验，大大提高了食盐产量；为缓解当时食盐官卖和私卖的矛盾做出了巨大的贡献。

元丰三年（1080年）五月，"知审官西院，御史满史行诬，沈括改知青州，后七日，改知延州"，一月之内，两度贬谪，这是沈括为官生涯中暗淡的时光。然而，在此期间，他居然能承受住如此打击，去考察任职境内的石油，试制油烟墨成功，可以想象当时实验条件的艰辛，不亚于炼制沥青制取镭的居里夫妇当时所处的环境。一个封建社会的官僚，对科学研究如此痴迷，在当时的士大夫当中是罕见的。

沈括的科学成就是多方面的，其中有不少创见和新说，他之所以能达到这样高的造诣，同他所处时代科学技术的发展状况以及他本人的科学思想与治学方法有密切关系。在对自然界客观事物的实地考察，对研究对象长期的、仔细的观测以及科学实验工作的基础上，沈括应用合理的逻辑推理方法，即所谓"原其理"或"以理推之"，从而引出符合科学的结论，这是沈括的科学思想与治学方法的精髓所在。我们在沈括的《梦溪笔谈·卷廿六·药议》中可以看到沈括细致入微地观察和研究了矿物结晶，从对太阴玄精（即龟背石）的研究中，阐明了矿物晶体的比较和鉴别，这种利用矿物晶形、颜色、光泽透明度、解理以及加热后的变化等矿物鉴别方法，在现代晶体化学研究中仍在应用，这是对我国古代科学技术的一个创造性贡献。再如古代的炼丹术对我国化学的发展起过积极的作用，但也产生过消极的影响。对炼丹术，沈括采取了分析的态度，从古代旧的传统观念看来，"朱砂良药吃了能长生不老"，可是沈括却记载有人误服丹砂"一夕而毙"。从这里，沈括得出的结论说："既能变而为大毒，岂不能变而为大善？"阐明了"大毒"与"大善"在一定条件下可互相转化的辩证思想。

翻开《梦溪笔谈》，可以看到有关化学方面的记载，体现了沈括注重自然科学为生产实践服务的思想，其中尤以反映在石油开发、制盐和炼铜上最为明显。

沈括用石油烟墨代替松墨，亲自动手实验获得成功，开辟了石油利用的新途径，为以石油族类为原料的炭黑工业奠定了早期的实验基础。沈括还预言："此物后必大行于世。"现在，以石油或石油气为原料制取的炭黑，更加广泛地应用于制墨、油漆、橡胶等工业。

铜是我国古代铸钱的主要金属原料，对铜的生产，沈括历来十分关心。在《梦溪笔谈·卷廿五·杂志二》中记载："信州铅山有苦泉，流以为涧，杞其为熬之，则成胆矾，烹胆矾则成铜；熬胆矾铁釜，久之亦化为铜。"这一条记述了铁与硫酸铜溶液的反应，这说明了我们祖先早在宋朝，就已发现了金属活动性差异。

沈括57岁被贬润州，在今江苏镇江定居，买下了一座园子，起名"梦溪园"，声称此园和他青年时梦中的园子相似。在该园中沈括写下了不朽名著《梦溪笔谈》，该书耗尽了沈括的精力。成书后不久，沈括便离开了人世，结束了他沧桑的一生。

《梦溪笔谈》采用笔记体形式，将沈括一生积累起来的各种知识分条记录下来，共609条。按李约瑟的辑录，207条属自然科学知识，包括物理、化学、天文历法等14类，是我国科学史的珍贵文献，它从许多侧面反映了那个时期的科技水平，向全世界展示了中国古代的辉煌文明，无怪乎李约瑟称赞《梦溪笔谈》为中国科学史中最卓越的论著。

知识点

居里夫人

居里夫人，原名玛丽·居里·斯克拉多夫斯卡娅（1867—1934）。世界著名科学家，研究放射性现象，发现镭和钋两种天然放射性元素，一生两度获诺贝尔奖（第一次获得诺贝尔物理学奖，第二次获得诺贝尔化学奖）。用了好几年在研究镭的过程中，作为杰出科学家，居里夫人有一般科学家所没有的社会影响。尤其因为是成功女性的先驱，她的典范激励了很多人。

沈括和光学

《梦溪笔谈》中记载了关于光的直线传播，沈括在前人的基础上，有更加深刻的理解。为说明光是沿直线传播的这一性质，他在纸窗上开了一个小孔，使窗外的飞鸟和楼塔的影子成像于室内的纸屏上面进行实验。根据实验结果，他生动地指出了物、孔、像三者之间的直线关系。此外，沈括还运用光的直线传播原理形象地说明了月相的变化规律和日、月食的成因。在《梦溪笔谈》中，沈括还对凹面镜成像、凹凸镜的放大和缩小做了通俗生动的论述。他对我国古代传下来的所谓"透光镜"的透光原因也做了一些科学解释，推动了后来对"透光镜"的研究。

《怀疑派的化学家》

波义耳，1627年1月生于爱尔兰沃特福德郡的莱斯摩尔城堡，是当时英国最富有的人——科克伯爵理查德·波义耳的第七个儿子。他是爱尔兰自然哲学家，在化学和物理学研究上都有杰出贡献。他童年体弱但早慧，学会了拉丁语和法语。8岁进入他父亲朋友任教务长的伊顿公学。在伊顿期间他不喜欢参加体育锻炼并且常常生病。三年之后他在法国家庭教师陪伴下出国学习，在日内瓦度过了两年。1641年前往意大利佛罗伦萨，研究伽利略的天文学著作与实验。1643年理查德·波义耳死于战争，为他留下了多西特庄园和遗产。1644年他回到爱尔兰看守庄园，同时开始了他的科学研究。

1646年波义耳应邀加入了由威尔金斯组织的群众性科学社团——"哲学学会"（又称无形学院），这一社团成员常常在波义耳的庄园聚会交流。1648年克伦威尔任命威尔金斯主持对牛津大学的改革，威尔金斯邀请波义耳到牛津去工作。1654年波义耳前往牛津，在自己的祖传领地上建立了实验室，聘请罗伯特·胡克为助手开始对气体和燃烧进行研究。

1657年他在罗伯特·胡克的辅助下对奥托·格里克发明的气泵进行改

进。1659年制成了"波义耳机器"和"风力发动机"。接下来他用这一装置对气体性质进行了研究,并于1660年发表对这一设备的研究成果。这一论文遭到了一些人反对,为了反驳异议,波义耳阐明了在温度一定的条件下气体的压强与体积成反比的这一性质,法国物理学家马略特得到了同样的结果,但是一直到1667年才发表。于是在英语国家,这一定律被称为波义耳定律,而在欧洲大陆则被称为马略特定律。

波义耳

1661年波义耳发表了《怀疑派的化学家》,在这部著作中波义耳批判了一直存在的四元素说,认为在科学研究中不应该将组成物质的物质都称为元素,而应该采取类似海尔蒙特的观点,认为不能互相转变和不能还原成更简单的东西为元素,他说:"我说的元素……是指某种原始的、简单的、一点儿也没有掺杂的物体。元素不能用任何其他物体造成,也不能彼此相互造成。元素是直接合成所谓完全混合物的成分,也是完全混合物最终分解成的要素。"而元素的微粒的不同聚合体导致了性质的不同。

由于波义耳在实验与理论两方面都对化学发展有重要贡献,他的工作为近代化学奠定了初步基础,故被认为是近代化学的奠基人。虽然他的化学研究仍然带有炼金术色彩,但他的《怀疑派的化学家》一书仍然被视作化学史上的里程碑。

伽利略

意大利物理学家、天文学家和哲学家,近代实验科学的先驱。其成就包括改进望远镜和其所带来的天文观测，以及支持哥白尼的日心说。当时，人们争相传颂："哥伦布发现了新大陆，伽利略发现了新宇宙。"今天，史蒂芬·霍金说："自然科学的诞生要归功于伽利略，他在这方面的功劳大概无人能及。"

四元素说

四元素说是古希腊关于世界的物质组成的学说。这四种元素是土、气、水、火。这种观点在相当长的一段时间内影响着人类科学的发展。

水元素：西方第一位哲学家泰勒斯（约前625—前547）认为宇宙万物都是由水这种基本元素构成的。

气元素：泰勒斯的学生阿那克西曼德（约前610—前546）认为基本元素不可能是水，而是某种不明确的无限物质。阿那克西曼德的学生阿那克西美尼（约前585—前525）进一步解析到基本元素是气，气稀释成了火，浓缩则成了风，风浓缩成了云，云浓缩成了水，水浓缩成了石头，然后由这一切构成了万物。

火元素：赫拉克利特（约前535—前475）认为万物由火而生，所以永远处于变化之中。

土元素及四元素说的形成：恩培多克勒（约前490—前430）综合了前人的看法，再添加"土"，遂有水、气、火、土四元素。

最奇特的化学物质

化学物质是化学中最基本的组成部分,也是化学研究的主要对象。如果把化学比喻成一个大家庭,化学物质就是这个大家庭中不可或缺的一员。

如果把这个家庭一员再进行细分的话,按照物质的连续和不连续性,可以把它分为连续的宏观形态的物质,如各种元素、单质与化合物,以及不连续的微观形态的物质,如各种化学粒子等。

总之,化学物质无论怎么划分,每一种化学物质都有着自己奇特的特性,使自己有别于其他的化学物质,成为化学物质中最具独特性质的个体。

自然界中最轻的气体

在通常情况下,氢气是一种没有颜色、没有气味、也没有味道的气体。在0℃和1个大气压下,1升氢气重0.089 8克,是一切气体里最轻的。它的名称也由此而来。

近地面的空气,每升重1.293克,比氢气约重14.5倍。氧气,每升重1.49克,比氢气约重16倍。二氧化碳,每升重1.977克,比氢气约重21倍。

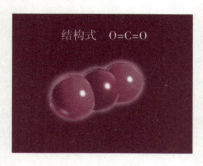

二氧化碳的结构式

氯气，每升重3.214克，比氢气约重35倍。利用氢气密度最小的特性，人们做成了升向高空的气球。

在欢庆重大节日的热烈场面中，经常看到大的氢气球把醒目的标语悬在半空，无数彩色的氢气球从欢腾的人群中腾空而起。

氢气球为什么能上升呢？这是因为整个气球的质量远不及它所排出的空气的质量。换句话说，气球受到的浮力（向上的）比重力（向下的）大，所以它能迅速上升。

纯净的氢气能够在纯氧或空气里平静地燃烧，发出淡蓝色的火焰，生成水，并放出大量的热（氢气焰可达3 000℃的高温）。如果把氢气和空气混合后点燃，就会发生猛烈的爆炸。因此，在制取和使用氢气时，必须注意安全。在点燃氢气以前，必须检验氢气的纯度。氢气不但可以用来填充气球，作为探测高空气象的工具，同时它还是近代工业和尖端科学技术的重要原材料。

液态氢由于具有重量轻、发热量高等优点，因而是火箭或导弹的一种高能燃料。氢气用作一般的燃料，也有十分突出的优点：资源十分丰富，燃烧时发热量高（每千克氢气燃烧放热34 000千卡，热量是汽油放热的3倍），生成的产物是水，污染少。所以，近年来各国对氢气作为新型燃料的研究很重视。今后，在利用太阳能和水制取氢气的技术如能有所突破，得到便宜而丰富的氢气，那么，氢气将成为一种重要的新型燃料。

氢气球

重 力

重力,是由于地球的吸引而使物体受到的力,生活中常把物体所受重力的大小简称为物重。重力的单位是N,但是表示符号为G,公式为:$G=mg$。m是物体的质量,g一般取9.8N/kg。

在一般使用上,常把重力近似看作等于万有引力。但实际上重力是万有引力的一个分力。重力之所以是一个分力,是因为我们在地球上与地球一起运动,这个运动可以近似看成匀速圆周运动。

我们做匀速圆周运动需要向心力,在地球上,这个力由万有引力的一个指向地轴的分力提供,而万有引力的另一个分力就是我们平时所说的重力了。

氢气使用注意事项

氢气是一种无色、无臭、无毒、易燃易爆的气体,和氟、氯、氧、一氧化碳以及空气混合均有爆炸的危险,其中,氢与氟的混合物在低温和黑暗环境就能发生自发性爆炸,与氯的混合比为1:1时,在光照下也可爆炸。由于氢无色无味,燃烧时火焰是透明的,因此它的存在不易被感官发现,在许多情况下向氢气中加入乙硫醇,以便感官察觉,并可同时赋予火焰以颜色。氢虽无毒,在生理上对人体是惰性的,但若空气中氢含量增高,将引起缺氧性窒息。与所有低温液体一样,直接接触液氢将引起冻伤。液氢外溢并突然大面积蒸发还会造成环境缺氧,并有可能和空气一起形成爆炸混合物,引发燃烧爆炸事故。

比白金还昂贵的金属

哪个金属价格最高？人们会很快地回答说："白金的价格最高。"对，白金是贵，但另有些金属，如钌、铑等，比白金更贵，而最贵的金属就算锎。

白金饰品

锎不像白金和其他一般金属，它不存在于自然界。它是用人工方法获得的一种放射性元素。它的化学符号为 Cf，稳定的原子质量数为 251，在周期表上为第 98 号元素。它的位置排在铀的后面（铀为第 92 号元素），因此它是"超铀元素"之一。

锎有 11 种同位素，而以其中的锎 249、锎 251、锎 252、锎 254 四种同位素最引人注意。拿锎 252 来说，在它原子核裂变的过程中，会自动地放出中子，因此，它被用作很强的中子源。每 1 微克（1 微克 = 0.000 001 克）的锎 252 每秒钟能自动地释放出 170 百万个中子，同时放出大量的热。

由于锎 252 是一个很强中子源，它的应用很广泛。可以用于一种很灵敏而快速的物理分析法——中子活化分析，在几分钟内可以分析出一百万分之一到一亿分之一克的痕量元素（极其微量、只有痕迹的元素）。可以帮助探矿。在医学上，可以帮助了解一些痕量元素在人体和生物体中的代谢作用。用中子照相，对软组织部分，比 X 射线照相辨别得更为明晰。中子治癌，疗效比 X 射线和 γ 射线更好。在考古工作中，用中子活化分析，可以判断古物的年代和其他特征，而且被照射过的古物完整无损。在石油工业中，利用中子测井方法，可以测出油层和水层的界面。在农业上利用锎 252 的电子源可以测量土壤湿度、地下水的分布等情况。此外，利用这种中子源的辐射，可以消灭污染和控制污染。

由于锎的生产过程复杂，成本昂贵，以致产量极少，在应用上还有很大的局限性。目前世界上每年产量只有几克，0.1 微克锎的价格为 100 美元。如果用"克"做单位来计算，则每 1 克锎的价格为 1 000 000 000 美元。

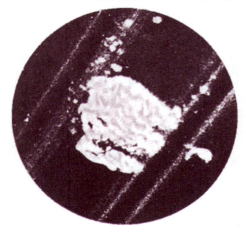

锎

知识点

原子核

世界上所有物质都是由分子构成的，或直接由原子构成，而原子由带正电的原子核和带负电的核外电子构成，原子核是由带正电荷的质子和不带电荷的中子构成，原子中，质子数等于电子数，因此正负抵消，原子就不显电性，原子是个空心球体，原子中大部分的质量都集中在原子核上，电子几乎不占质量，通常忽略不计。

延伸阅读

锎的应用与发展

中国生产和应用锎始于 20 世纪 90 年代。其同位素锎 252 被用于近距离治疗。这种同位素首次发现于氢弹爆炸后的尘埃,是能够产生丰富中子的唯一核素。1968年医用锎源被用来治疗首例病人,中子近距离治疗法由此诞生。中子治癌是最先进的癌症治疗方法之一,治疗效果优于当前被广泛使用的放疗。它无须让病人全身接受放射性射线,而是利用特制的施源器将中子源送入人体或肿瘤内进行腔内、管内或组织间照射,放射反应轻且能够彻底杀死癌细胞。

水溶解度最大的气体

水有很好的溶解其他物质的能力,大多数物质都能或多或少地溶解在水里。动植物一般只能吸取溶解在水里的养料,因此,它是动植物生长不可缺少的一种物质。

我们知道,许多气体也是能够溶解在水里的。例如:二氧化碳能够溶解在水里;在通常情况下,1体积的水能够溶解1体积的二氧化碳。空气也能溶解在水里。鱼类等生物体内所需的氧,就是从溶解在水里的"空气"中获得的。

各种气体在水里的溶解度是很不相同的。有些气体在水里的溶解度非常小,它们只能微溶于水。例如,氢气、氧气、氮气在1个大气压和20℃时,1毫升水里所能溶解的体积还不到1/10毫升。

有些气体,在水中颇能溶解。例如,在1个大气压和20℃时,1体积水能溶解2.4体积的硫化氢气体或2.5体积的氯气。它们的溶液,分别称为氢硫酸和氯水。

有些气体,在水中的溶解度非常大。例如,氯化氢在1个大气压和20℃时,1体积水

氯 气

约能溶解440体积的氯化氢，其水溶液，就是我们常用的盐酸。溶解度最大的气体要算氨（俗称阿摩尼亚，是一种有刺激性尿臭的气体），在和上述同样情况下，1体积水约能溶解700体积氨气。它的水溶液，叫作氨水。

氨水是一种重要而且广为施用的肥料，它供给作物需要的氮元素。氨很容易液化，把氨冷却到-33℃，或在常温下加压到7~8个大气压，就能使氨气凝结成无色液体，同时放出大量的热。相反，液态氨也很容易汽化，降低压强，它就急剧蒸发，并吸收大量的热，使周围温度迅速降低。利用氨的这种性质，液态氨常用在冷冻设备——冷藏库、电冰箱里。

氨是现代化学工业最重要的产品之一，可以用来制造硝酸、铵盐和炸药等。此外，氨在实验室里和医药上也有广泛的用途。

盐　酸

　　盐酸，学名氢氯酸，是氯化氢的水溶液，是一元酸。盐酸是一种强酸，浓盐酸具有极强的挥发性，因此盛有浓盐酸的容器打开后能在上方看见酸雾，那是氯化氢挥发后与空气中的水蒸气结合产生的盐酸小液滴。盐酸是一种常见的化学品，在一般情况下，浓盐酸中氯化氢的质量分数在38%左右。同时，胃酸的主要成分也是盐酸。

我国氨工业的发展情况

　　新中国成立前我国只有两家规模不大的合成氨厂，新中国成立后合成氨工业有了迅速发展。1949年全国氮肥产量仅0.6万吨，而1982年达到1 021.9万吨，成为世界上产量最高的国家之一。

　　近几年来，我国引进了一批年产30万吨氮肥的大型化肥厂设备。我国自行设计和建造的上海吴泾化工厂也是年产30万吨氮肥的大型化肥厂。这些化肥厂以天然气、石油、炼油气等为原料，生产中能量损耗低、产量高，技术和设备都很先进。

制造飞机的必备金属

1791年，英国科学家格里戈尔在密那汉郊区找到一种矿石——黑色磁性砂。通过对这种矿石的研究，他认为矿石中有一种新的化学元素，并用发现矿石的地点"密那汉"命名这个新元素。

过了4年，德国化学家克拉普洛特从匈牙利布伊尼克的一种红色矿石中，发现了这种新元素，他用希腊神话中"太旦"族的名字来命名（中文按照它原文名称的译音，定名为钛）。克拉普洛特还特地指出，格里戈尔所发现的新元素"密那汉"就是钛。但在当时找到的，实际上都是粉末状的二氧化钛而不是金属钛。直到1910年，美国化学家罕德尔才第一次制得纯度达99.9%的金属钛，但总共不到1克。从发现钛到制得金属钛，前后经历了120年，这说明了提炼钛是很困难的。到1947年，人们才开始在工厂里炼钛，当时的年产量只有2吨。到了1955年，产量激增到2万吨。到1972年，年产量达到20万吨。钛日益受到人们的高度重视。

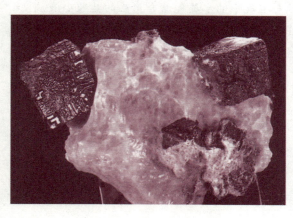

钛矿石

钛的矿物在自然界中分布很广，约占地壳重的0.6%，仅次于铝、铁、钙、钠、钾和镁，而比铜、锡、锰、锌等在地壳中的含量要多几倍甚至几十倍。纯净的钛是银白色的金属，约在1725℃熔化。它的主要特点是密度小而强度大。和钢相比，它的密度（4.5）只相当于钢的57%，而强度和硬度与钢相近。和铝相比，铝的密度虽较钛小，但机械强度却很差。因此，钛同时兼有钢（强度高）和铝（质地轻）的优点。纯净的钛有良好的可塑性，它的韧性超过纯铁的2倍，耐热和抗腐蚀性能也很好。

由于钛有这些优点，所以自20世纪50年代以来，一跃成为突出的稀有金属。钛及其合金，首先用在制造飞机、火箭、导弹、舰艇等方面，目前开始推广用于化工和石油部门。例如，在超音速飞机制造方面，由于这类飞机在高速飞行时，表面温度较高，用铝合金或不锈钢，在这样的温度下，已失去原有性能，而钛合金在550℃以上仍保持良好的机械性能，因此可用于制造超过音速3倍的高速飞机。这种飞机的用钛量要占其结构总重量的95%，故有钛飞机之称。目前，全世界约有一半以上的钛，用来制造飞机机体和喷气发动机的重要零件。钛在原子能工业中用于制造核反应堆的主要零件。在化学工业中，钛主要用于制造各种容器、反应器、热交换器、管道、泵和阀等。人们还把钛加到不锈钢中，虽然只加1/4左右，但大大提高了不锈钢的抗锈本领。

钛有许多化合物，它们也有着各种各样特殊的性能和各种不同的用途。如二氧化钛，雪白的粉末，它是最好的白色颜料，俗称钛白。1克二氧化钛就可以把450多平方厘米的面积涂得雪白。世界上用作白色颜料的二氧化钛，一年多到几万吨。如把二氧化钛加在纸里，可使纸变白并且不透明，因此制造钞票和美术品用的纸，有时就要添加二氧化钛。此外，为了使塑料的颜色变浅，使人造丝光泽柔和，有时也要添加二氧化钛。二氧化钛被誉为世界上最白的东西。

钛的用途越来越广，人们称它为未来的钢铁、21世纪的金属。

知识点

稀有金属

稀有金属，通常指在自然界中含量较少或分布稀散的金属，它们难于从原料中提取，在工业上制备和应用较晚。但在现代工业中有广泛的用途。中国稀有金属资源丰富，如钨、钛、稀土、钒、锆、钽、铌、锂、铍等已探明的储量，都居于世界前列，中国正在逐步建立稀有金属工业体系。

最易着火的非金属

自然界里的物质，如果由同种元素组成的，就称单质。根据单质的不同性质，一般可分为金属和非金属两大类。我们熟悉的氢气、氮气、氧气、碳、硫和碘等，都是非金属，它们没有金属光泽，一般不能导电、传热。在室温下，也不能与空气中的氧气发生反应。但是有个别的例外。这个别的非金属元素就是磷。

纯磷常见的有两种，一种叫黄磷（又叫白磷），另一种叫赤磷（又叫红磷）。虽然它们都是由磷构成的，但具有不同的性质。例如，在室温条件下，黄磷能在空气中自动燃烧起来，而赤磷却不能。

黄磷自动燃烧的原因并不复杂。原来，放在空气中的黄磷，能够缓慢地跟空气中的氧气起反应。这个反应是放热的。当放出的热量多于散失的热量时，热量便积累起来，于是黄磷的温度便慢慢地上升，温度的升高，又加速了反应的进行，当温度到达约40℃时，黄磷便急剧燃烧起来。而赤磷要加热到240℃才能燃烧。

由于黄磷在室温下能跟空气中的氧气起作用，并且着火的温度相当低，因此，黄磷就成为在常温下易于自燃的非金属了。

黄磷必须保存在水里，以隔绝空气。使用黄磷时，如果需要把它切成小块，应在水面下进行，否则，由于切割时摩擦生热，也能使黄磷燃烧起来。

黄磷是剧毒的物质，误吃0.1克就能立即死亡，而赤磷却无毒。被黄磷烧伤的伤口，因为周围的细胞都中了毒，需要很长的时间才能治好。所以处理黄磷的时候，要特别小心！

海水中含量最大的金属

铀，银白色的金属，硬度不强，密度为 18.96 克/立方厘米。纯铀具有很好的延展性，能经受切削加工、锤炼和热轧。铀的表面可以擦得光亮，但在空气中逐渐失去光泽而发暗。在自然界中，铀有 3 种同位素，它们的质量数分别为 235、238 和 234。天然铀矿的主要成分是铀 238，占 99.28%，而铀 235 只占 0.715%，铀 234 极少，只占 0.006%。

铀 235 的原子核，在受到一个中子轰击时，它会分裂成两个碎核，同时还有两三个中子放射出来，这种现象，叫作原子核裂变。在这个过程中，这些新产生的中子能够继续使其他的铀 235 原子核发生裂变，并持续进行，且规模越来越大，同时放出巨大的能量。这种反应像是一环套一环的链条一样，人们把它叫作链式反应。如果铀的数量足够多，而对产生的中子又不加以控制，则所发生的链式反应，只要在极短暂的时间（几百万分之一秒）内就会产生原子爆炸。所以铀被用作原子弹内的炸药。1 千克铀 235 的爆炸威力，相当于两万吨烈性炸药。

铀 235 不仅可以用来制造原子弹，更重要的是，它可以作为原子燃料。人们把铀 235 放进原子能反应堆，用种种办法加以控制，使它不发生剧烈的爆炸，而是缓慢地把原子能释放出来。1 克铀 235 裂变时所放出的能量，大约等于 2.5 吨煤燃烧时放出的能量。很容易想象，用铀 235 做原子燃料，将可以节约大量的煤和石油，并给人们带来巨大的方

金属铀

便。我国最大的工业城市上海，每年要消耗几百万吨煤。如果把这些煤堆成 1 米见方的煤堆，可以从上海堆到哈尔滨，大约有 2 000 千米长。如果用铀 235 来代替煤，大约每天 10 千克，一年不到两吨，就够全上海市用了。

用铀 235 做动力的原子能破冰船和核潜艇早已制成，现在科学家正在研究用铀代替汽油来开飞机。铀，已成为人类征服大自然的极为重要的材料，并将

为人类的生活增添绚丽的光彩。

铜铀云母

可惜的是，陆地上铀的储藏很有限，而蔚蓝色的海水却是铀储存量最大的宝库。陆地上铀矿的总储量约200万吨，而海洋里含铀的总量高达40亿吨以上，比陆地上铀矿的总储量要大2 000倍左右。可是要把海水里的铀提取出来，是极为复杂的，困难是很多的。因为1升海水仅含铀的百万分之三克，这个数字意味着1吨海水里仅含有0.003克铀。把1吨海水中的铀全部提取出来，也不过只有半根锈花针那么重。从海水提铀，恰如"海里捞针"，但由于铀已成为原子弹和原子能工业的"主角"，因此，世界各国都在想方设法把这根"针"从海里捞出来。

有人估计，到21世纪末，世界上将耗用近200万吨铀，所以把陆地上所储藏的铀全部开发出来还是不够用的，海水提铀已成为当代科学技术必须解决的课题。

目前，国内外海水提铀工作大多处于实验阶段。据最新报道，日本在这方面有了重大的突破。

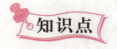知识点

中　子

中子是组成原子核的核子之一。中子是组成原子核、构成化学元素不可缺少的成分，虽然原子的化学性质是由核内的质子数目确定的，但是如果没有中子，由于带正电荷质子间的排斥力，就不可能构成除氢之外的其他元素。

延伸阅读

铀的分布范围

由于铀的化学性质很活泼，所以自然界不存在游离的金属铀，它总是以化合状态存在着。已知的铀矿物有170多种，但具有工业开采价值的铀矿只有二三十种，其中最重要的有沥青铀矿（主要成分为八氧化三铀）、晶质铀矿（二氧化铀）、铀石和铀黑等。很多的铀矿物都呈黄色、绿色或黄绿色。有些铀矿物在紫外线下能发出强烈的荧光。正是铀矿物（铀化合物）这种发荧光的特性，才导致了放射性现象的发现。

虽然铀元素的分布相当广，但铀矿床的分布却很有限。铀资源主要分布在美国、加拿大、南非、澳大利亚等国家和地区。据估计，已探明的工业储量到1972年已超过100万吨。中国的铀矿资源也十分丰富。

世界上价格最高的水

水在地球上是取之不尽、用之不竭的最不稀罕的液体，根本谈不上什么价格。可是在化学上却有一种价格很高的水，这种水就是"重水"。

为了说明什么叫重水，就先从"重氢"谈起。氢原子有3种，第一种氢原子是氕，化学符号为H，它的相对原子质量为1，是最轻的氢原子；第二种氢原子是氘，化学符号为D，它的相对原子质量为氕的2倍，通常叫作"重氢"；第三

重　水

种氢原子是氚,化学符号为 T,它的相对原子质量为氕的 3 倍,通常叫作"超重氢"。在普通氢中,几乎全是氕,氘的含量为 0.017%,而氚的含量却微不足道。这 3 种氢原子的质量不同,但它们的化学性质相同,是氢的三种同位素。

两个氕原子与一个氧原子(相对原子质量为 16)结合而成的水分子,它的相对分子质量为 18,叫作"轻水",两个氘原子与一个氧原子结合而成的水分子,它的相对分子质量为 20,叫作"重水"。在普通水中几乎全是轻水,重水的含量极微。但轻水和重水分子里的氕、氘两种同位素会发生交换作用而生成的水分子叫作"半重水"。

由于氘原子与氧原子的结合比氕牢固些,当通电分解普通水时,轻水首先分解成氕和氧,含氘的重水分子就留在电解槽里越聚越多,它的浓度因而也越来越大,经过这样的多次电解,最后获得的几乎是纯净的重水。但是用这种电解法去制备重水需要消耗大量的电能,因此在实际生产中常用特殊的方法,先把重水富集到较高浓度,再进行电解。

在化学性质上它们之间是有差异的。例如,盐类在重水中的溶解度比在普通水中小些。许多物质与重水发生反应比与普通水发生反应慢些。植物种子浸在重水中不能发芽,鱼类、虫类在重水中很快死亡,但在稀释的重水中却能生存。

重水在铀反应堆里用作中子减速剂,由于它分子中的氘原子核能有效地使中子减速而又几乎不吸收中子,因此用重水做减速剂,可以减少中子的损失,并可缩小反应堆的体积和重量。重水在普通水里含量极微,制取困难,因而成本很高,价格昂贵。几年以前,1 立方米重水的最低价格约为 30 万美元。

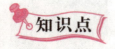

电 解

电解是电流通过物质而引起化学变化的过程。化学变化是物质失去或获得电子的过程。电解过程是在电解池中进行的。电解池是由分别浸没在含有正、负离子的溶液中的阴、阳两个电极构成的。电流流进负电极

（阴极），溶液中带正电荷的正离子迁移到阴极，并与电子结合，变成中性的元素或分子；带负电荷的负离子迁移到另一电极（阳极），给出电子，变成中性元素或分子。

地壳中含量最多的金属

各种元素在地壳里的含量相差很大。地壳主要是由氧、硅、铝、铁、钙、钠、钾、镁、氢等元素组成的。含量最多的元素是氧，其次是硅，接下就是铝。由于氧和硅是非金属元素，因此，铝就成为地壳里含量最多的金属元素。它占地壳总量的7.73%，约为全部金属元素含量的1/3，比铁多一倍。地球上铝矿的储量丰富，按目前开采水平至少可用15万年。

铝有密度小，不易生锈，易导电、导热，容易加工等许多优良性质，所以是一种非常可贵的金属材料。但纯铝比较软，一般制成合金使用。铝的重要合金坚铝，强度与优质钢相同，重量却只有钢的1/3。铝和铝合金是制造飞机的重要材料，并可制造轮船、火车车厢、汽车、化工设备、电线以及许多日用品等。铝导线跟铜线比较，当导电能力相同时，重量只有铜线的一半，因此越来越广泛地用来代替铜线输送电流。

纯铝不仅善于导电、导热，且有很好的抗腐蚀性和对光的反射性，因而得到了越来越广泛的应用。如对太阳能的利用，铝就是重要的材料。

除锈效果最好的化合物

盐酸是除锈效果最好的物质，在生活中去除钢铁表面的锈蚀多采用盐酸除锈的方法，由于强调生产，追求产量，使酸洗液一直处于较高浓度，而忽视了酸洗液的最佳浓度的控制与维护，许多厂家简单地采取每周更新一次酸液，或长期不更换酸液，只是经常倒掉一些新酸洗液，添加一些新酸洗液，造成盐酸耗量过高，增加了生产成本，并对环境造成了一定的污染。

研究表明：酸洗速度快慢不仅要考虑酸洗液的浓度，而重要的是决定于氯化亚铁在该盐酸浓度下的饱和程度。当盐酸浓度达到10%时，氯化亚铁饱和度为48%；当浓度达到31%时，氯化亚铁饱和度只有5.5%，同时氯化亚铁饱和度随温度上升而增大。要在最短时间内，使酸洗后的钢铁表面达到最佳清洁表面，关键在于选择盐酸的浓度、氯化亚铁含量，与在该盐酸浓度下的溶解度。因此要提高酸洗速度，既要有适当浓度的盐酸和一定的氯化亚铁含量，又要有较高的氯化亚铁溶解量，在这3个参数中，尤其以盐酸的浓度最为重要，降低盐酸浓度不但能够容纳较多的氯化亚铁，而且还不易饱和，从而提高钢铁制品酸洗质量。

盐　　酸

实践证明，盐酸浓度范围控制过窄或过宽对操作生产都带来一定的难度。根据连续生产实际及人为诸多因素的影响，推荐使用浓度为8%～13%的盐酸，酸液温度为20℃～40℃，酸液密度为1.35～1.20，可以较好地满足生产的需要，最大限度地提高酸液使用寿命。氯化亚铁含量高，则盐酸浓度可相应取低值；氯化亚铁含量低，盐酸浓度可取高值。在具体操作时，要经常防止酸液浓度降低和酸液面明显下降。添加酸时必须做到"一勤二少"，即加酸要勤，每次加酸量宜少。如果冬季酸洗速度慢，可以加热至20℃～25℃，氯化亚铁含量过高，酸液密度超过1.35时，可用水稀释最后达到酸液密度不大于1.22即可。

为了解决盐酸酸洗槽在存放和工作中有大量的酸雾散发，造成环境酸雾污染以及在酸洗钢铁时产生铁基体的溶解，造成过腐蚀和氢脆的问题，可使用高效酸雾抑制剂、缓蚀剂与盐酸溶液配制成常温高效除锈液，在常温下去除氧化皮，除锈速度快，不产生过腐蚀，工件表面及内在质量均得到提高，酸槽附近基本闻不到盐酸的刺鼻味，除锈率不低于98％，连续添加使用可延长除锈液及设备的使用寿命，并可节约燃料和能耗。其酸洗液配制及工艺条件如下：（质量分数）盐酸（33%）55，除锈添加剂10，水35，温度20℃～40℃。该除锈添加剂由有机酸、烷基硫酸钠、六次甲基四胺、聚乙二醇、磷酸和水组成。

工业上制取盐酸时，首先在反应器中将氢气点燃，然后通入氯气进行反应，制得氯化氢气体。氯化氢气体冷却后被水吸收成为盐酸。在氯气和氢气的反应过程中，有毒的氯气被过量的氢气所包围，使氯气得到充分反应，防止了对空气的污染。在生产上，往往采取使另一种原料过量的方法使有害的、价格较昂贵的原料充分反应。

酸 雾

酸雾，通常是指雾状的酸类物质。在空气中酸雾的颗粒很小，比水雾的颗粒要小，比烟的湿度要高，粒径为0.1～10微米，是介于烟气与水雾之间的物质，具有较强的腐蚀性。其中包括硫酸、硝酸、盐酸等无机酸和甲酸、乙酸、丙酸等有机酸所形成的酸雾。

大气污染源

大气污染源就是大气污染物的来源，主要有以下几个：

工业：工业生产是大气污染的一个重要来源。工业生产排放到大气中的污染物种类繁多，有烟尘、硫的氧化物、氮的氧化物、有机化合物、卤化物、碳化合物等。其中有的是烟尘，有的是气体。

生活炉灶与采暖锅炉：城市中大量民用生活炉灶和采暖锅炉需要消耗大

量煤炭，煤炭在燃烧过程中要释放大量的灰尘、二氧化硫、一氧化碳等有害物质污染大气。特别是在冬季采暖时，往往使污染地区烟雾弥漫，呛得人咳嗽，这也是一种不容忽视的污染源。

交通运输：汽车、火车、飞机、轮船是当代的主要运输工具，它们烧煤或石油产生的废气也是重要的污染物。特别是城市中的汽车，量大而集中，排放的污染物能直接侵袭人的呼吸器官，对城市的空气污染很严重，成为大城市空气的主要污染源之一。汽车排放的废气主要有一氧化碳、二氧化硫、氮氧化物和碳氢化合物等，前3种物质危害性很大。

此外，大气的污染源还有森林火灾产生的烟雾。

存在于太空中的甲烷

甲烷是无色无臭的气体，其分子是正四面体形分子、非极性分子。甲烷在自然界分布很广，是天然气、沼气、油田气及煤矿坑道气的主要成分。它可用作燃料及制造氢气、炭黑、一氧化碳、乙炔、氢氰酸及甲醛等物质的原料。

德国核物理研究所的科学家经过实验发现，植物和落叶都产生甲烷，而生成量随着温度和日照的增强而增加。另外，植物产生的甲烷是腐烂植物的10～100倍。他们经过估算认为，植物每年产生的甲烷占到世界甲烷生成量的10%～30%。

燃烧的甲烷

美国天文学家宣布，他们首次在太阳系外一颗行星的大气中发现了甲烷，这是科学家首次在太阳系外的行星探测到有机分子，从而增加了确认太阳系外存在生命的希望。该小组还证实了先前的猜测，即这颗名叫HD189733b的行星的大气中有水。

甲烷在适合生命存在的条

件中，扮演着重要角色。美国宇航局喷气推进实验室的天文学家，利用绕轨运行的"哈勃"太空望远镜得到了一张HD189733b行星大气的红外线分光镜图谱，并发现了其中的甲烷痕迹，相关发现刊登在英国《自然》杂志上。

HD189733b位于狐狸座，距地球63光年，是一类叫作"热木星"的大行星，其表面灼热，不可能存在液态水。HD189733b围绕其恒星转一圈只需两天。由于距离恒星太近，这颗行星表面温度高达900℃，足以把银熔化。不过，值得注意的是探测到甲烷。这种方法可以沿用到环绕所谓的"可居住区"中温度较低的恒星运转的其他行星，"可居住区"不冷也不热，正好适合孕育生命。

喷气推进实验室领导这项研究的马克·斯万说："这对最终辨别在可能存在生命的行星上生命起源前的分子是一块至关重要的垫脚石。这一发现证明，光谱学最终可以应用到一颗温度更低、可能适合居住、围绕更暗淡的红色侏儒型恒星运行的类地行星上。"

自13年前探测到第一颗太阳系外行星以来，天文学家已在太阳系外发现了270多颗行星。尽管行星的数量在稳步增长，但对其化学成分的详情知之甚少，而这正是确认是否存在生命的关键所在。

2008年5月的一天，斯万的小组利用"哈勃"携带的强大的NICMOS光谱照相机拍下HD189733b从其恒星和地球之间直线穿过时的照片。来自那颗恒星的光经过HD189733b的大气，带来泄露实情的化学成分痕迹，但主要的任务是在一堆波长中发现了这些针。这些观测结果还证实了水分子的存在，美国宇航局的"斯皮策"太空望远镜先前曾提到过这一点。

亚利桑那大学行星科学家亚当·肖曼在一篇评论中表示，这一成果朝着了解系外行星迈进了一大步。如今，"哈勃"和"斯皮策"太空望远镜已逐渐老去，但新一代更强大的轨道平台正在构建之中。肖曼在《自然》杂志上说："我们现在看到了一场革命的开始，这场革命将拓宽人类有关太阳系外行星世界的知识。"

甲烷是21世纪的主要能源，甲烷是一种可燃性气体，而且可以人工制造，所以，在石油用完之后，甲烷将会成为重要的能源。

知识点

狐狸座

狐狸座是一个位于北天球的模糊星座，位于天鹅座以南，天箭座与海豚座以北，最亮星为狐狸座 α（视星等 4.44），最佳观测月份是 9 月。狐狸座中有著名的 M27 行星星云，形状像两个圆锥顶对顶对接起来的哑铃，因此被称为"哑铃星云"，在夜空中较容易观测。

硬度最大的金刚石

世界上已出土的最大的一颗金刚石是在南非，其重量为 3 025.75 克拉（1 克拉＝0.205 克）。

1977 年，我国山东省临沭县芨山公社常林大队发现了一颗天然金刚石（取名常林钻石），这颗金刚石重 158.786 克拉，色质透明，呈淡黄色，是迄今我国发现的最大的一颗金刚石，在世界上也是较大的。

纯净的金刚石是无色透明的物质，当它含有微量的杂质时，因所含杂质不同而呈黄色、蓝色、绿色、橙色和其他"杂色"，通常以五色金刚石为最佳。当光线照射在金刚石上面的时候，能发出亮晶晶的、美丽夺目的光彩，十分讨人喜爱。琢磨成一定形状的金刚石叫作金刚钻或钻石。

上等无瑕的晶莹金刚石，是尖端科学技术不可缺少的重要材料。质量低劣或颗粒特别小的常用在普通的工业方面，称为工业钻石。南非一家矿业公司曾做过一项试验，用六份上等钻石、六份质量低劣的工业钻石与砂石、265 磅钢珠和水，一起放在滚筒里转动，经 7 小时后，工业用钻石已被磨损，再经过 950 小时，上等钻石才被磨掉万分之一。可见它的确是难啃的"硬骨头"，确实是世界上最硬、最能永久保存的物质。

耐腐蚀性最好的塑料

塑料、合成纤维、合成橡胶都是由人工合成的，习惯上称它们为三大合成材料。目前，世界各国正大力发展石油化工，其中一个重要的目的，就是要发展三大合成材料工业，以满足工农业、国防、尖端技术和人民生活的广泛需要。

塑料的品种很多，按它们受热时性能的表现，可分为热塑性和热固性两大类。一类受热时软化，冷却时变硬，可以反复受热塑制的塑料，叫热塑性塑料。如聚氯乙烯，它大量地被用作农用薄膜、电线和电缆的包皮、软管等。又如聚乙烯，用它制成的薄膜做食品、药物的包装材料和制作日常用品等。另一类受热不能再软化，只能塑制一次的塑料，叫热固性塑料。如酚醛塑料，它大量地用作电工器材、仪器外壳等。

塑料颗粒

塑料有许多优点。首先是密度小，一般塑料和金属相比，大约是钢的1/5，铝的1/2。若在加工时加入发泡剂制成泡沫塑料，重量就更轻，只有水的1/30到1/50，它是很好的保温、隔热和防震材料。此外，塑料还具有优良的电绝缘性、耐磨、耐化学腐蚀、不易传热等性能。但普通的塑料也有不足之处，最大的缺点是机械强度较差，受热变软，受冷变硬，在日光下长期曝晒也会变硬脆或软黏。

随着工业、国防以及尖端技术的飞速发展，对塑料提出了新的性能要求，因而出现了工程塑料。工程塑料一般是指机械强度比较高，可以代替金属用作工程材料的一类塑料。这类塑料广泛用于机械制造工业、仪器仪表工业、电气电子工业等方面。同时，在宇宙飞行、火箭导弹、原子能等尖端技术中，

塑料制品

工程塑料也成为不可缺少的材料。

在工程塑料中有一种被誉为塑料王的聚四氟乙烯,它是1945年出现的品种。它非常耐腐蚀,不论是强酸强碱(如硫酸、盐酸、硝酸、王水、氢氧化钠等),还是强氧化剂(如重铬酸钾、高锰酸钾等),都不能动它半根毫毛。也就是说,它的耐腐蚀性超过了玻璃、陶瓷、不锈钢以至黄金和铂。因为玻璃、陶瓷怕碱,不锈钢、黄金、铂在王水中也会被溶解,而聚四氟乙烯在沸腾的王水中煮几十个小时,却依然如故。因而它是耐化学腐蚀性最强的工程塑料。聚四氟乙烯在水中不会被浸湿,也不会膨胀。据试验,在水中浸泡了一年,重量也没有增加。此外,聚四氟乙烯具有优异的电绝缘性,以及耐寒、耐热的特性,在冷至 -195℃ 和热到 250℃ 时均可应用。

正因为聚四氟乙烯有这么多难能可贵的特性,使它特别受到人们的重视,日益得到广泛的应用。例如,在冷冻工业上,人们已经开始用聚四氟乙烯来制造低温设备,用来贮藏液态空气。在化学工业中,用来制造耐腐蚀的反应罐等。电器工业方面,用它做电线包皮,在金属裸线上包15微米厚的聚四氟乙烯,就能很好地使电线彼此绝缘。另外,也用它制造雷达、高频通讯器材、短波器材等。原子工业和航空工业用的特种材料,也离不开聚四氟乙烯。不过,聚四氟乙烯的成本比较高,加工也比较困难,因此在生产上还受到一定限制。

雷 达

雷达概念形成于20世纪初。雷达是英文radar的音译,意为无线电检测和测距的电子设备。

各种雷达的具体用途和结构不尽相同,但基本形式是一致的,包括:发射机、发射天线、接收机、接收天线,处理部分以及显示器。还有电源设备、数据录取设备、抗干扰设备等辅助设备。

纯度最高的硅

硅是地壳中储存量第二多的元素,占地壳总重量的26.30%,仅次于氧。而在地壳中,绝大部分硅是以二氧化硅的形式存在的。据统计,二氧化硅占地壳总重量的87%。岩石和砂子中都含有大量的二氧化硅。最纯净的二氧化硅要算石英,是透明无色的结晶,称为水晶。有些水晶由于混有少量杂质而带有不同颜色。例如紫水晶、烟水晶等。

硅可用来制造合金。硅与铁的合金叫硅钢,有突出的耐酸性能。纯净的结晶硅,是现在最重要的半导体材料之一。现在,人们已经制得了99.999 999 999 9%的晶体硅。在这样纯的晶体硅中,杂质所占的比例是一万亿分之一;也就是说,在一万亿个原子中,只有一个杂质原子。这个纯度,在人工制造的单质中是最高的。

半导体硅是实现工业生产自动化的重要材料。例如,工业自动化所用的可控硅、数字程序控制和电子计算机的元件,很多都是用半导体硅制成的。

硅的最重要的化合物是二氧化硅,它是重要的工业原料。玻璃工业就是用砂子、碳酸钠和石灰石作为原料的。纯的二氧化硅可用来制造石英玻璃。给石英加强热使它熔化,然后冷却,就变成了玻璃状透明的物质,这种物质叫石英玻璃。它的膨胀系数很小,因此骤冷或骤热都不会破裂,可用来制造耐高温的化学仪器。石英玻璃能透过紫外线,可用来制造医疗用的水银灯的灯罩,及其他透紫外线制品。

最好的人工降雨剂

人工降雨一般有两种方法。一种是暖云降雨。暖云里必须有足够大的水滴才能下雨。为了促使暖云降雨，可以用飞机向云中喷撒适量的吸湿性物质，如粉末状的氯化钠、氯化钙、尿素等。它们能很快吸收水蒸气成为水珠而导致降雨。

还有一种是冷云降雨。冷云里必须有足够的冰晶才能下雨。为了促使冷云降雨，可以用飞机或火箭将碘化银撒播到云层里。碘化银是一种黄色晶体，由于见光后会分解，一般应保存在棕色瓶内并放于暗处。通常它是跟氯化银、溴化银一样作为照相底片的感光剂使用的。但随着人们对人工降雨的研究，要寻找与冷云里冰晶形状相似的物质，以便增加冷云中的冰晶而导致降雨，结果找到了碘化银。它的晶体外形与冷云中自然冰晶的外形相似。人们给这种晶体取了个名字叫"人造冰晶"。工作时，把碘化银先溶解在氨水里，然后用飞机喷洒。氨水易挥发，碘化银晶体很快释放出来，飘浮在冷云中，天空中的水蒸气就在碘化银晶体上凝聚变成雪花。如果云层下的温度低于0℃，就会下一场鹅毛大雪。如果云层下的温度高于0℃，雪花就融化成雨滴，下的是一场瓢泼大雨。据测定，1克碘化银可以变成10万亿颗人造冰晶。

除碘化银外，也可以用干冰做降雨剂。干冰是固体二氧化碳，它的晶体好似雪花，在零下78℃时直接升华。当干冰撒到云里，高空的温度就迅速下降，干冰周围空气里的水蒸气便凝结成亿万颗微小的冰晶而导致降雨。一般每平方千米要撒播1克到10千克干冰。而以碘化银做人工降雨剂时，用量比干冰少得多，一般每平方千米只要用

干　冰

0.01克到0.1克就够了。迄今为止，碘化银被认为是性能最好的一种人工降雨剂。同时，也还被用来消除冰雹。这是由于碘化银在高空能产生亿万颗人造冰晶，使水蒸气分散凝结，不致形成又大又重的冰雹。但由于碘化银用量多，价格昂贵，银的资源有限，且不能回收，因此世界各国都在纷纷寻找新的人工降雨剂和消雹剂。

用化学药剂来进行人工降雨和消雹等是20世纪40年代才开始试验的，在世界上还只有七十多年的历史，但是它已迅速发展成一门崭新的、有广阔前途的科学。我国从1958年以来，曾先后在大部分省、市、自治区进行过不同规模的人工降雨，有些省还进行了消除冰雹的工作。

火箭

　　火箭是以热气流高速向后喷出，利用产生的反作用力向前运动的喷气推进装置。它自身携带燃烧剂与氧化剂，不依赖空气中的氧助燃，既可在大气中，又可在外层空间飞行。现代火箭可用作快速远距离运送工具，如作为探空、发射人造卫星、载人飞船、空间站的运载工具，以及其他飞行器的助推器等。如用于投送作战用的战斗部（弹头），便构成火箭武器。其中可以制导的称为导弹，无制导的称为火箭弹。有同名篮球队，因其所在城市休斯敦为美国航天科技中心而得名。

空气中含量最高的气体

　　空气是多种气体的混合物。它的恒定组成部分为氧、氮和氩、氖、氦、氪、氙等稀有气体；可变组成部分为二氧化碳和水蒸气，它们在空气中的含量随地球上的位置和温度在很小限度的范围内会微有变动；至于空气的不定组成部分，则随不同地区而有不同，例如靠近冶金工厂的地方会含有二氧化硫，靠近氯碱工厂的地方会含有氯；等等。此外空气中还含有极微量的氢、臭氧、氧化二氮、甲烷以及灰尘。

实验证明，空气中恒定组成部分的含量百分比，在离地面 100 千米高度以内几乎是不变的。

空气组成中以氮的含量为最高，这是有它的好处的。如果空气中含氮量少，氧的浓度必然就大，对于其他物质所起的氧化作用必然就强，这对人类生活（如呼吸、燃烧等）也就必然带来许多害处。所以氮在空气中有冲淡氧的功用，故名为氮。

空气作为工业用氮的来源是取不尽、用不完的。空气通过一定装置进行压缩，再利用压缩空气自由膨胀，如此反复进行来降低温度，可以把空气由气态变为液态，贮在钢瓶里，供工业上应用。液态空气汽化时，由于氮的沸点低于氧的沸点，所以先变成气体而逸出。氮亦可以用钢瓶贮盛备用。

能让人发笑的气体

一氧化二氮，无色有甜味气体，又称笑气。是一种氧化剂，化学式 N_2O，在一定条件下能支持燃烧（同氧气，因为笑气在高温下能分解成氮气和氧气），但在室温下稳定，有轻微麻醉作用，并能致人发笑，能溶于水、乙醇、乙醚及浓硫酸。其麻醉作用于 1799 年由英国化学家汉弗莱·戴维发现。该气体早期被用于牙科手术的麻醉，是人类最早应用于医疗的麻醉剂之一。它可由 NH_4NO_3 在微热条件下分解产生，产物除 N_2O 外还有一种，此反应的化学方程式为：$NH_4NO_3 \xlongequal{} N_2O\uparrow + 2H_2O$；等电子体理论认为 N_2O 与 CO_2 分子具有相似的结构（包括电子式），则其空间构型是直线形，N_2O 为极性分子。

1772 年，英国化学家普列斯特列发现了一种气体。他制备一瓶气体后，把一块燃着的木炭投进去，木炭比在空气中烧得更旺。他当时把它当作"氧气"，因为氧气有助燃性。但是，这种气体稍带"令人愉快"的甜味，同无色无味的氧气不同；它还能溶于水，比氧气的溶解度也大得多。它是什么，成了一个待解的谜。

最奇特的化学物质

事隔26年后的1798年，普列斯特列实验室来了一位年轻的实验员，他的名字叫戴维。戴维有一种忠于职责的勇敢精神，凡是他制备的气体，都要亲自"嗅几下"，以了解它对人的生理作用。当戴维吸了几口这种气体后，奇怪的现象发生了：他不由自主地大声发笑，还在实验室里跳起舞来，过了好久才安静下来。因此，这种气体被称为"笑气"。

戴维发现"笑气"具有麻醉性，事后他写出了自己的感受："我并非在可乐的梦幻中，我却为狂喜所支配；我胸怀内并未燃烧着可耻的火，两颊却泛出玫瑰一般的红。我的眼充满着闪耀的光辉，我的嘴喃喃不已地自语，我的四肢简直不知所措，好像有新生的动力附上我的身体。"

不久，以大胆著称的戴维在拔掉龋齿以后，疼痛难熬。他想到了令人兴奋的笑气，取来吸了几口。果然，他觉得痛苦减轻，神情顿时欢快起来。

笑气为什么具有这些特性呢？原来，它能够对大脑神经细胞起麻醉作用。但大量吸入可使人因缺氧而窒息致死。

戴 维

1844年12月10日，美国哈得福特城举行了一个别开生面的笑气表演大会。每张门票收0.25美元。在舞台前一字排列着8个彪形大汉，他们是特地被请来处理志愿吸入笑气者可能出现意外事故的。

有一个名叫库利的药店店员走上舞台，志愿充当笑气吸入的受试人。当库利吸入笑气后，欢快地大笑一番。由于笑气的数量控制得不好，他一时失去了自制能力，笑着、叫着，向人群冲去，连前面有椅子也未发现。库利被椅子绊倒，大腿鲜血直流。当他一时眩晕并苏醒后，毫无痛苦的神情。有人问他痛不痛，他摇摇头，站起身来就走了。

库利的一举一动，引起观众席上一位牙医韦尔斯的注意。他想，库利跌碰得不轻，为什么他不感到疼痛？是不是"笑气"有麻醉的功能？当时，还没有麻醉药，病人拔牙时和受刑差不多，很痛苦。于是，他决定拿自己来做实验。

一天，韦尔斯让助手准备拔牙手术器具，然后吸入"笑气"，坐到手术椅上，让助手拔掉他一颗牙齿。牙拔下了，韦尔斯一点儿也不觉得疼。于是，"笑气"作为麻醉剂很快进入医院，并被长期使用着。

氧化剂

氧化剂是氧化还原反应里得到电子或有电子对偏向的物质，也即由高价变到低价的物质。氧化剂从还原剂处得到电子自身被还原变成还原产物。氧化剂和还原剂是相互依存的。

氧化剂在反应里表现氧化性。氧化能力强弱是氧化剂得电子能力的强弱，不是得电子数目的多少，如浓硝酸的氧化能力比稀硝酸强，得到电子的数目却比稀盐酸少。含有容易得到电子的元素的物质常用作氧化剂，在分析具体反应时，常用元素化合价的升降进行判断：所含元素化合价降低的物质为氧化剂。

臭氧消耗者

2009年8月29日，美国一项最新研究显示，一氧化二氮这种无色有甜味的气体已经成为人类排放的首要消耗臭氧层的物质。美国国家海洋和大气管理局地球系统研究实验室研究人员利用数学模型推算出，人类通过使用化肥、化石燃料等每年向大气中排放约1 000万吨一氧化二氮，如果人类不采取措施限制其排放，它将成为21世纪破坏性最大的臭氧消耗者。

研究人员表示，根据1987年通过的《关于消耗臭氧层物质的蒙特利尔议定书》，人类逐步削减了氯氟烃、含溴氟烃等消耗臭氧层物质的使用，但一氧化二氮的使用和排放不受议定书限制，其对臭氧层的破坏作用也越来越明显。

有关这项研究成果的论文 28 日将发表在美国最新一期《科学》杂志上。研究人员在文章中表示，一氧化二氮也是一种温室气体，未来如果能够限制一氧化二氮的排放，不仅将有效加速地球臭氧层的恢复，并且还能减缓气候变化。

臭氧层是指距离地球 25~30 千米处臭氧分子相对富集的大气平流层。它能吸收 99% 以上对人类有害的太阳紫外线，保护地球上的生命免遭短波紫外线的伤害，因此被誉为地球生物的保护伞。人类活动曾导致南极上空的臭氧层出现大面积空洞。

性质优良的合成纤维

供纺织用的纤维，按原料来源可分为两大类：一类是直接来源于自然界的，如棉、麻、丝、毛等，叫天然纤维；另一类是用化学方法制取的，叫作化学纤维。

化学纤维又分为两种，一种是利用稻草、甘蔗渣、木材、芦苇、猪毛等天然纤维为原料，经过化学加工而制成的能供纺织用的纤维，叫作人造纤维，如人造丝、人造棉、人造毛等。还有一种是以合成树脂为原料制成的可供纺织用的纤维，叫作合成纤维。

合成纤维成品

石油、天然气、煤、食盐、石灰石以及农林产品，都可以作为合成纤维的基本原料。合成纤维的原料来源很广，资源丰富，它的生产不受地理和气候条件的影响，因此，它有着极广阔的发展前途。

近年来，合成纤维工业发展得非常快。1940年，全世界棉花产量为622.8万吨，而合成纤维刚刚诞生，产量只有5 000吨。1970年，全世界棉花产量为1 113万吨，合成纤维产量已经上升到483万吨。

有人估计，每年全世界的合成纤维产量将达1 200万吨左右，可能接近或超过棉花产量。几百年来产量最大的天然纤维——棉花，即将让位给合成纤维了。最重要的合成纤维是锦纶（尼龙）、涤纶、腈纶、维尼纶和丙纶，合起来称为"五大纶"。而锦纶是合成纤维中最早（1939年）投入工业生产的，它也是现在世界上产量最大的合成纤维。它非常结实，强度比棉花高2～3倍，比羊毛高4～5倍；耐磨性比棉花高10倍，比羊毛高20倍，重量比同体积的棉花轻35%；它又比棉花耐腐蚀，不怕虫蛀；用它做成的衣服，既漂亮，又耐穿，既可织成薄如蝉翼的透明薄纱，也可织成比较厚实的华达呢之类的织物，还可以织成各种针织品。锦纶在工业、渔业、国防等方面也有着广泛用途。锦纶做的绳子，结实牢固，一根手指粗的绳子便能吊起一辆满载4吨货物的卡车。现在渔民用的鱼网，登山队员用的登山索，军用的轻巧绳梯、索桥、船缆以及降落伞等，都是用锦纶制造的，这是由于这一纤维是合成纤维中强度最大的。

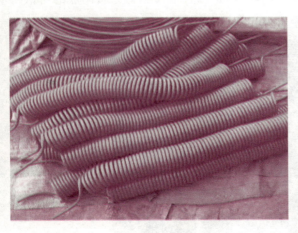

锦纶制品

锦纶在179℃时开始软化，所以在使用过程中，最高熨烫温度最好在120℃以下，否则锦纶就有黏结、熔化的危险。此外，它虽然对碱、汽油等有机溶剂的作用比较稳定，但它对酸和漂白粉的作用非常敏感，在通常温度下，硫酸、硝酸、盐酸等都能使它溶解。樟脑或卫生球会引起纤维结构的膨胀、松散而降低强度，并使织物易变形。因此，保存合成纤维不宜放樟脑或卫生球。

目前，合成纤维的主要产品，我国基本上都已有生产；在产品质量、生产技术和设备制造方面也都得到了较快的发展和提高。据计算，一个年产1万吨合成纤维的工厂，一年内所生产的纤维，相当于大约2万公顷棉田一年所收获的棉花。由此可见，发展合成纤维工业，不仅能使人民衣着更加丰富多彩，而且对整个国民经济也有十分重要的作用。

人造丝

人造丝是一种丝质的人造纤维，由纤维素构成，而纤维素是构成植物主要组成部分的有机化合物。正是由于它是一种纤维素纤维，故许多性能都与其他纤维例如棉和亚麻纤维的性能相同。此种纤维呈齿圆形。

纤维鉴别

各种纤维织品的燃烧特性：

1. 棉、麻、竹等植物纤维和黏胶纤维（主要成分是纤维素）：容易燃烧，产生黄色及蓝色火焰，有烧纸或草的气味，灰烬呈灰色，易飞扬。

2. 羊毛、蚕丝（蛋白质）：燃烧缓慢，徐徐冒烟，燃烧时缩成一团，有特殊的焦臭味，灰烬呈小球状，一压即碎。

3. 合成纤维：

（1）尼龙：边燃烧边熔化，无烟或略有白烟，火焰小，呈蓝色，有烧焦的芹菜味，灰烬为浅褐色小硬珠，不易捻碎。

（2）涤纶：燃烧时边卷缩边熔化边冒烟，火焰为黄白色，有芳香味，灰烬为褐色小珠，可以用手捻碎。

（3）腈纶：一边缓慢燃烧，一边熔化，火焰为亮白色，有时略有黑烟，有鱼腥味，灰烬为黑色小珠，脆而易碎。

（4）维尼纶：缓慢燃烧并迅速收缩，火焰小，呈红色，有黑烟和特殊气味，灰烬为褐色小珠，可用手捻碎。

（5）氯纶：难于燃烧，当接近火焰时边收缩边燃烧，离火即灭，有氯气的气味，灰烬为黑色硬块。

（6）丙纶：燃烧时边卷缩边熔化，火焰明亮，呈蓝色，有燃烧蜡质的气味，灰烬为硬块，但可以捻碎。

（7）玻璃纤维：不燃烧，熔融不变色，灰烬为本色，小玻璃珠状。

左右人类进程的化学之最

在人类发展的轨迹上，化学发明抹下了浓墨重彩的一笔。中国的四大发明之中的火药、造纸术都是应用了化学上的原理。

中国的曲法酿酒、陶瓷、湿法炼铜、炼铁术、制盐法等等，也都深深地刻上了化学的印记。能杀菌灭虫的波尔多液的出现，雷汞引爆剂的试验成功，均是人类化学史上的成功典范。

这些左右人类进程的发明创造，不光是化学之最，也是人类文明发展史上里程碑式的事件，它们的出现，推动了人类历史进程。有了这些发明创造，我们人类可以大踏步地向前行进，创造更多、更丰硕的文明成果。

四大发明之一——火药

火药是我国四大发明（火药、造纸术、指南针、印刷术）之一，具有几千年的历史。火药是谁发明的？为什么把它叫作火药？为了说清这些问题，得先从我国的炼丹术谈起。

炼丹术是我国古代炼制所谓长生不老药的"方术"（带有神秘性的法术），从事这种炼丹的人起初叫"方士"，后来叫"道士"或"丹家"。自公元前2世纪到公元8世纪这段时期（即自汉魏到隋唐），由于帝王们的支持和提倡（如汉武帝就是一个迷醉于求仙炼药的人），这种炼丹术就盛极一时，炼丹方士也就应运而生，其中突出的如李少君、魏伯阳、刘安、葛洪等。火药的起源与炼丹术有着密切的关系，是炼丹方士在炼丹时遇见意外的现象而发展起来的。

火 药

炼丹方士把一种或几种药料（当时一般以金属及矿物居多），在一定火候下进行烧炼，使它们失去原来的性质而具有不同的功用，这一过程炼丹术里叫作"伏火法"。他们认为药料必须经过"伏火"，否则不能合用。唐初孙思邈的《丹经》里就有"伏硫黄法"，用硫黄二两、硝石二两，放在锅里，然后放进燃着的皂角子，它们就燃烧起来而产生火焰，等到火焰停止，就称它已"伏火"了。中唐以后，在某些炼丹书里，有的提到过伏硝石法。还有的提出"伏火矾法"，用硝石、硫黄各二两和马兜铃三钱半进行"伏火"。不管怎样，硫黄与硝石混合也好，硝石与木炭混合也好，硫黄、硝石与木炭（前面所提到的皂角子、马兜铃燃点起来都生成炭）混合也好，它们一经点火都能燃烧。这些药料的混合物（尤其是上列第三种方法）实际上已逐渐接近于火药的成分。由于所炼的这些药料容易着火燃烧，因此他们就把"能着火的药"叫作"火药"。

现在的火药已经不是1 000多年前的火药，它是从那时的火药发展而来的。当时用于不同火器的各种火药的主要成分都少不了硝石（KNO_3）、硫黄（S）和木炭（C），它们的比例也都大同小异。

由于这种火药是黑色的粉末，燃烧时会产生烟，所以叫"黑火药"，又叫"有烟火药"。

在晚唐时期，我国已用火药来制造"飞火"、"火炮"等火攻武器。宋朝（960—1279）火药的发展很快，宋太祖灭南唐时曾用制造成的"火炮"、"火箭";宋真宗时更能用火药制造"火毽"、"火蒺藜"等。宋初曾公亮等所编的《武经总要》里,已记载了各种火药的详细配方。到了金、元时期,火药在武器上的应用更广、更精,能制出各式各样的火器。从元朝末年到明朝初年,我国枪炮式火器又发展到一个相当高的水平。

火药是我国最先发明的,从12世纪起,先由南宋传入阿拉伯国家,然后传到欧洲。欧洲在13世纪下半叶,才从阿拉伯文的书籍里得到了火药的知识。在14世纪上半叶,欧洲的一些国家在战争中又获得使用火药进行火攻的方法。欧洲第一次提到火药的时间一说是在1327年,又一说是在1285—1290年,总之比我国晚很多。

知识点

金

金,史称后金,朝代名。

满族是女真族的一支后裔,一直居住在中国东北。明朝永乐时,明朝欲压制北元残余势力,于是明朝在中国东北一带设立远东指挥使司,开始着手控制女真族的各个部落。

建州女真族猛哥帖木儿(努尔哈赤六世祖)时为明朝建州卫左都督,北方的部族势力强大,南下压迫建州。猛哥帖木儿被杀,建州部被迫南迁,最终定居于赫图阿拉。

南迁后,建州部与中原地区来往密切,社会生产力显著提高,经济繁荣,八旗制度随即建立,而此时正是努尔哈赤担任明朝建州部首领。1583年(明万历十一年)努尔哈赤袭封为指挥使,以祖、父遗甲十三副,相继兼并海西四部,征服东海女真,统一了分散在满洲地区的女真各部。

1616年(明万历四十四年),努尔哈赤在赫图阿拉称汗,建立大金(史称后金),改元天命。

物质构成的化学　WUZHI GOUCHENG DE HUAXUE

> 1618年（天命三年，明万历四十六年），努尔哈赤公布名为"七大恨"的讨明檄文，开始公开起兵反明。
>
> 爱新觉罗·努尔哈赤去世后，爱新觉罗·皇太极即位，1636年（明朝崇祯九年），皇太极改国号为"大清"，"大金"国号停止使用。

最早的炼锌术

我国最早炼出的黄铜（铜锌合金），是铜与炉甘石（即碳酸锌）和煤炭在冶炼炉里加热煅烧而炼出的。后来因为用炉甘石为原料，加热时有烟逸出而遭受损失，就改用倭铅来代替炉甘石。

倭铅即金属锌。可见我国古代就能炼锌。明末宋应星写的《天工开物·五金篇》中，关于冶炼锌的技术就有详细的记载。其实，在他写书之前，我国劳动人民不但已经能炼锌，而且早就投入生产了。我国开始炼锌和生产锌的确切年代，还难以考证，但在署名为飞霞子的《宝藏论》一书中，即见有"倭铅"这一名称，说明我国在1 000多年前就能炼锌。

根据明朝宣宗时铸造的黄铜宣德炉的化学分析结果，我国在15世纪20年代就已经能大量地生产锌了。

欧洲在18世纪才开始炼锌，因此西方人也不得不承认中国生产金属锌早于欧洲，比欧洲约早400年。

推进人类文明的造纸术

远古时期，我们的祖先还没有创造出文字，就用结绳（在绳子上打结）和画图（在地面上、石板上或在其他平面上画上粗略的图形）的办法来记载事物。殷商时期（前1711—前1066）才有甲骨文出现（在龟壳或兽骨上刻画一些类似形象的原始文字，叫甲骨文），殷商以后开始用竹简、木简（竹片、木片）做记事材料。其后，经过春秋、战国到秦、汉，我国文字逐渐达到统一。在这段时期里,书写文字的材料除用竹、木简外,同时还用蚕丝织成的"帛"(绸子)。帛虽然比较轻便,但成本太高,不能普遍推广。

西汉时期(前206—25)又发明了用蚕茧外面的乱丝漂制成的薄片来供书写。到了东汉时期,才有用植物纤维造出的纸。

汉代造纸工艺流程

1942年在宁夏额济纳尔河畔发现的两片这样的纸,据考古家的研究,认为这是东汉和帝时(88年左右)的遗物。这说明植物纤维纸在东汉时期就有了。可是1957年在西安东郊灞桥一座西汉古墓里又发现了一些古纸残片,这种残纸系由大麻纤维所组成,经考古学家估计,这种灞桥纸的年代不会晚于武帝时期(前140—前88)。这说明植物纤维纸不是东汉时才有,而是西汉时就已经有了。

在此之前，人们公认纸是我国东汉时的蔡伦发明的。蔡伦是东汉和帝时的一个太监。他吸取前人造纸的经验，创造性地使用树皮、麻头、破布、破鱼网等，做原料来造纸。他的方法得到全国的普遍使用，因而史书上就把他说成是纸的发明人。其实他是继承和总结前人的造纸经验而加以改进的。他的功劳确实很大。蔡伦造的纸当时叫作"蔡侯纸"。继蔡伦之后约 80 年，又有左伯造的纸 10 多种，叫"左伯纸"。这些纸在当时都是很著名的。

从三国、六朝一直到唐朝这段时期，我国造纸术有很大的进展，纸的质量也有显著的提高，纸的品种不下好几十种。宋、元以后，纸在民间更有广泛的应用，特别在我国活字版印刷发明之后，造纸事业更加发达。

明末宋应星著的《天工开物·杀青篇》记载的造纸工艺，很是详细。关于造纸原料和纸类，他说：用楮树、桑树、木芙蓉树的皮造出的纸叫"皮纸"，用竹、麻造出的纸叫"竹纸"，祭祀用的纸叫"火纸"，包装用的粗纸叫作"包裹纸"。关于造竹纸、皮纸和还魂纸（即回抄纸）的方法，他也做了详细的介绍。

现代手工造纸

近代机器造纸的原理与古法造纸基本相似，不过使用机械代替手工，使用化学药品代替土法草灰，使用蒸汽代替火烘、日晒等。这样就缩短了操作时间，提高了生产效率。

大约从公元 6 世纪开始，我国的纸张和造纸术便先后流传到外国，东边传到朝鲜、日本，西边传到阿拉伯和欧洲，南边传到印度支那和印度等地。地球上所有国家的造纸技术，可以说都是直接或间接从中国学去的。他们的造纸都比中国晚，有的晚了几百年，有的甚至晚了千把年。

总之，纸是我们祖先的重要发明之一，对于整个世界文化的发展，起了巨大的作用。

唐　朝

　　唐朝（618—907），是世界公认的中国最强盛的时期之一。李渊于618年建立唐朝，以长安（今陕西西安）为首都。其鼎盛时期的公元7世纪时，中亚的沙漠地带也受其支配。在690年，武则天改国号"唐"为"周"，迁都洛阳，史称武周。705年唐中宗李显恢复大唐国号，恢复唐朝旧制，还都长安。唐朝在天宝十四年（755）安史之乱后日渐衰落，至天祐四年（907）梁王朱温篡位灭亡。唐共历经21位皇帝（若含武则天），共289年。唐在文化、政治、经济、外交等方面都有辉煌的成就，是当时世界上最强大的国家。

合成燃料

　　以前染色大都是以天然染料为主，到了18世纪中叶，欧洲钢铁工业飞速发展，由于炼钢的需要，便促进了生产焦煤的干馏工业。从炼焦得到的副产物，给合成染料提供了一种原料——苯胺。

　　1855年，英国青年潘根将粗制苯胺进行氧化，他本来的目的是希望由此得到喹啉（一种药物），可是结果却得到了一种紫色的物质，名叫马酰（学名叫苯胺紫），用它可以染丝。过后不久（1857年），他就把它作为染料而出售于市场。可以说，苯胺紫是工业生产的第一种合成染料。自此以后，合成染料的发展极为迅速，在不长的时间内，几乎代替了所有的天然染料。到目前为止，在实验室合成的染料已有几万种，作为商品的已有2 000种以上。

让人减轻痛苦的麻醉剂

人类应用药物来减除病人的疼痛，已有很长的历史，但对麻醉药物（麻醉剂）的研究、应用和发展却在近百年左右。

鸦　片

我国在很早以前就有关于外科手术上使用麻醉药物的记载。在《后汉书·华佗传》里就记有这么一段文字，大意是：病发作在内部，针灸、服药不能达到的，就先给病人麻沸散，用酒送服，醉了就失去知觉。接着，用刀切开肚皮或背部，把积聚物（指已化脓的脓血）割除掉；如果病在肠胃，就把肠胃切开，加以洗涤，除去病灶的污秽，然后把它缝合起来，四五天伤口就好了。这段话说明，在公元200年间，我国外科鼻祖华佗就能用全身麻醉来施行外科手术。这是世界医药史上施用临床麻醉最早的一个人，所用的麻沸散是最早的麻醉药物。可惜他的麻醉手术和麻沸散已经失传。

在18世纪以前，鸦片及曼陀罗（一种植物的果子）曾被广泛地作为药物而应用于麻醉方面，但是用它使人麻醉达到昏迷程度时，用量已远远超过了中毒的范围。因此，这两种药物并不是很好的麻醉药物。

1844年，珂尔通以一氧化二氮气体（笑气）在人身上试验，使人神志消失，效果良好，而且安全。1848年，摩尔通采

曼陀罗花

用乙醚，也得到满意的结果。从此以后，又有氯仿、可卡因、普鲁卡因等相继被应用在临床上。因此，严格说来，麻醉剂这一名称，是从18世纪中叶才开始创立的。近代医学正式应用在临床上的第一个麻醉剂要推一氧化二氮。如果以华佗的麻沸散当作最早的麻醉剂的话，那么，应用麻醉剂最早的要算我国。

华 佗

华佗（约145—208），东汉末年的医学家，字元化，一名旉，汉族，沛国谯（今安徽省亳州市谯城区）人。华佗与董奉、张仲景并称为"建安三神医"。关于华佗故里，学术界普遍认为华佗是安徽省亳州市谯城区人。1995年，时任中共中央总书记、国家主席、中央军委主席的江泽民欣然为亳州亲笔写下了"华佗故里，药材之乡"的题词。

合成塑料

远在19世纪以前，人们就能利用沥青、松香、琥珀、虫胶、橡胶等天然树脂。

到了19世纪中叶以后，人们对于天然树脂的利用又前进了一步，发现了把它们加工、改性的方法。例如，天然橡胶中加进硫粉，经过一定处理，就能制成橡皮和硬质橡胶；硝化纤维中加进樟脑，经过一定处理，就能制成赛璐珞；等等。这些以天然树脂为基础的塑料（通常指以合成树脂为主要成分的可塑性物质），在18世纪末已经有了工业价值，但生产不多，性能也不够理想。

1872年，人们用化学方法把苯酚和甲醛合成了酚醛树脂。20世纪初，由于电气工业和仪表设备制造工业的发展，需要的绝缘材料日益增多，因此就推动了酚醛树脂的发展，投入了工业生产，为塑料工业开辟了新的道路。酚醛树脂是最早合成和投入生产的一种塑料。

到了20世纪二三十年代，又相继制出并生产了好多种塑料，如聚氯乙烯、聚苯乙烯、醇酸树脂等。从20世纪40年代起到现在，塑料工业更是飞速前进，生产出的品种有几十种之多，如聚乙烯、聚丙烯、聚甲醛、聚硅酸树脂、环氧树脂、氟塑料等等。塑料的实际应用也更为广泛。

历史悠久的陶瓷

我国的陶瓷在世界上具有悠久的历史和很高的工艺水平。早在唐、宋时期我国的瓷器就传到外国，不仅传到欧洲、亚洲的一些国家，就连很远的非洲也曾在地下发现过我国唐代的瓷器。

根据我国古书的记载和出土实物的考证，瓷器是由陶器慢慢发展起来的，而陶器的制造和应用却很早。陶器是从什么时期就有的呢？有些古书上记载神农时期（传说中的神农是公元前3000左右的人物）就已制作陶器，并设有"陶正"这个专管制陶的官。神农究竟有无其人，尚且是个问题，这些资料只能当作传说罢了，但在公元前2000多年（殷商时代或更早一些），我国人民即会制造陶器，却是事实。

1921年在河南渑池县仰韶村的史前人类遗址，就发现了古代粗质陶器——彩陶。这种粗陶多数是灰色的，外表呈红色，上面还画着古朴的彩色花纹。这种彩陶大约是公元前2200年到公元前1800年间的制品。

陶　瓷

左右人类进程的化学之最

彩陶在我国发现的地区很广，1923 和 1924 年又陆续地在东北的锦西、西北的甘肃洮河流域以及青海的湟水流域等地找到了大批类似的着色陶器；近若干年来在山西、陕西、新疆、内蒙古一带又有发现。

除此以外，还有两种古陶——黑陶和白陶。黑陶表面呈黑色，它的制造时代估计比彩陶稍晚一些。1930 年在山东历城县的城子崖古代人类遗址，就发现这种黑陶。其他地方也陆续有发现。黑陶质地较细，器壁较薄，在制作技术上比彩陶又前进了一步。接着在黑陶之后，我们的祖先又制出一种白色而美丽的白陶，它的质地更细，表面有凸凹图案花纹，在制作技术上比黑陶更精。这种白陶是在河南安阳县的殷墟发掘出来的，制作时期，当在殷代，距今大约有 3 000 多年，比黑陶更要晚些。

根据史料记载，春秋时越国大夫范蠡在现今江苏宜兴地方烧制陶器，宜兴陶器至今仍是闻名全球。汉朝陶器制造更有提高，能在陶器表面烧上"釉"。这可以说是由陶过渡到瓷的原始瓷器。

瓷器是由陶器发展而来的，真正的瓷器创始于唐朝。唐瓷的装饰与前代不同，有各色的彩釉。如

彩　　陶

江西景德镇的瓷器当时叫作"假玉器"，闻名全国，至今也享誉海内外。

到了宋、明两朝，瓷业更加发达，工艺技术更加改进，制出的成品更为精致，不但畅销国内，而且大量地输出国外。到了清朝康熙、乾隆年间，烧制瓷器的水平更有提高，能制出"五彩"和"粉彩"瓷器，而且造型丰富，纹饰新颖。

我国能制造和使用陶器，比埃及、印度等古国可能还要早。至于瓷器则肯定是我国首先发明的。我国瓷器的外传大约开始于公元 8 世纪，制瓷工艺，也就由此而传到国外：约在公元 10 世纪最先传到了朝鲜；公元 13 世纪由来我国福建学造瓷技术的日本人带到了日本；公元 11 世纪传到波斯，再传到阿

拉伯各国；约在15世纪传到意大利和西欧，但是西欧各国直到18世纪初，才真正造出硬质瓷器。

范蠡

范蠡，字少伯，生卒年不详，汉族，春秋楚国宛（今河南南阳）人。春秋末期著名的政治家、谋士和实业家。后人尊称"商圣"。他出身贫贱，但博学多才，与楚宛令文种相识、相交甚深。因不满当时楚国政治黑暗、非贵族不得入仕而一起投奔越国，辅佐越王勾践。帮助勾践兴越国，灭吴国，一雪会稽之耻，功成名就之后激流勇退，化名为民，变官服为一袭白衣与西施西出姑苏，泛一叶扁舟于五湖之中，遂游于七十二峰之间。期间三次经商成巨富，三散家财，自号陶朱公，乃我国儒商之鼻祖。世人誉之："忠以为国，智以保身；商以致富，成名天下。"

最早使用的天然染料

染料的应用在我们祖国有着悠久的历史，相传在4 500多年前的黄帝时期，人们就能利用植物的浆汁来染色。根据中国的文字和出土文物，证实我们的祖先自从能养蚕和缫丝织绸以来，就会用染料把丝织品染成各式各样的颜色。中国文字里用来描述各种颜色的字很多，而且把颜色的种类也分得很细，例如：红、绿、紫、绛、绯、绀、缁等等，每个字形上都有"纟"字偏旁，这足以说明各种颜色是与丝织品有着密切联系的。再有，从1959年河南安阳王裕口殷代圆形墓葬中发现的丝线，证明3 000多年前的殷代，人们就会染色。

我国古代应用的染料，都是从植物或动物中取得的，而以从植物中提取的天然染料为主。例如：靛青是从靛叶中提出的，茜素是从茜草中提出的，胭脂红是从胭脂虫中提出的，姜黄素是从姜汁中提出的，苏木色素是从苏木中提出的，等等。几千年来，我国人民对植物染料的应用很广泛，并且跟着丝绸一道先后传播到外国。采用天然染料当以我国为最早。

影响深远的炼铁术

铁在史前时期就为人类所知，至于炼铁是从什么时候开始的，却没有得出肯定的结论。用铁最早的国家当推埃及、中国和印度。约在公元前2700年的埃及金字塔里就发现有一部分是用铁做建筑材料的。我国黄帝时代（公元前2550年左右）的指南针就是使用铁的证明。印度在3 000多年前就已使用铁做武器。埃及炼铁和用铁的历史与我国不相上下，可能比我国要早一点。

我们的祖先很早就会炼铁和用铁。春秋时代齐国宰相管仲的《管子·海王篇》里有一段话，译成今文，意思是：如果要把事情做成，一个妇女必定要有一根针和一把刀；一个农民必定要有一把锄头、一把铲子和一把锹；一个替人家驾马挽车的人必定要有一把斧头、一把锯子、一把钻子和一把凿子。如果没有这些工具而能把事情做成，天下是没有的。可见当时对铁的使用已经相当普遍。在《管子·地类篇》里又说："出铜之山四百六十七山；出铁之山，三千六百九山。"可见当时发现的铁矿已经很多，而且这些铁矿也不是在短时间内所能发现的。在《国语·齐语》里管仲还说：拿青铜来铸成剑、戟一类的武器，试用在狗、马身上；拿铁来铸成锄头、铲子、镢头等农具，应用在田地上。可见当时已经能够炼出生铁来铸造杀人利器和生产工具。距今2 500多年前的齐灵公时期，齐国已有炼铁工人4 000名。这说明当时炼铁业的规模已很可观了。

1972年，在河北蒿城县台西村一座殷商时期奴隶主坟墓里，发现了一件铁刃铜钺（刀口镶铁的兵器），距今已有3 500年左右了。

1960年在河南辉县古墓里挖掘出战国时期的铁器，几乎不带铁锈，这足以证明当时冶铁技术已经达到相当水平。

秦汉以后，炼铁技术和规模大大发展，铁的产量也大大增加了。到了汉武帝时,把炼铁、煮盐和铸钱三大行业作为官营,全国设置铁官49处,使炼铁生产技术迅速发展,当时官营的300人以上的炼铁工场就有40多处,从事炼铜铁的所谓"卒徒"多到10万人,规模之大,可想而知。

原始的炼铁方法,大致是在山坡上就地挖个坑,内壁用石块堆砌,形成一个极简陋的"炉膛",里面装以木炭和矿石,依赖自然通风,空气从"炉膛"下面的孔道进入,使木炭燃烧,部分矿石就被还原而成铁。由于通风不足,炉膛较小,炉温难以提高,生成的铁混有许多渣滓,叫毛铁。不久,劳动人民创造出叫作"橐"的装置。橐是一种皮囊,是人类历史上最早出现的原始送风工具,以后又出现了风箱。随着鼓风设备的不断改进和完善,这种原始的炼铁炉就逐步加高,慢慢演变成原始的土高炉,炉温也随之而提高。在这种炼炉中得到的不是毛铁而是液态的生铁。在河北遵化县附近曾发现这样一座高4米、整个用石块砌成的炉子,并且装有两具风箱,据考证,这可能是古老土高炉的遗迹。而西欧在公元1350年以后,才有用石头砌成的竖式高炉,炼出液态铁来。

综上看来,铁的冶炼和应用以我国和埃及为最早。用高炉来炼铁,我国要比西欧早1 000多年。

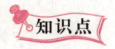

金字塔

在建筑学上,金字塔指角锥体的建筑物。著名的有埃及金字塔,还有玛雅金字塔、阿兹特克金字塔(太阳金字塔、月亮金字塔)等。相关古文明的先民们把金字塔视为重要的纪念性建筑,如陵墓、祭祀地,甚至是寺庙。20世纪70年代开始,由于建筑技术的演进,达到轻质化、可塑化、良好的空调与采光,有些建筑师会从几何学选取元素,现代金字塔式建筑在世界各地被建造出来。

现代炼铁的注意事项

炼铁厂煤气中毒事故危害最为严重，死亡人员多，多发生在炉前和检修作业中。预防煤气中毒的主要措施是提高设备的完好率，尽量减少煤气泄漏；在易发生煤气泄漏的场所安装煤气报警器；进行煤气作业时，煤气作业人员佩带便携式煤气报警器，并派专人监护。

炉前还容易发生烫伤事故，主要预防措施是提高装备水平，作业人员要穿戴防护服。原料场、炉前还容易发生车辆伤害和机具伤害事故。

烟煤粉尘制备、喷吹系统，当烟煤的挥发分超过 10% 时，可发生粉尘爆炸事故。为了预防粉尘爆炸，主要采取控制磨煤机的温度、控制磨煤机和收粉器中空气的氧含量等措施。目前，我国多采用喷吹混合煤的方法来降低挥发分的含量。

中国古代的曲法酿酒

酿酒的起源是很早的。远在原始时期，可能由于野生果实含有的糖分，遇到空气中或附在果皮上的酵母菌，发酵而产生酒的成分。这种经过发酵而带有酒味的果实，成了当时人类喜爱的食物。从这样无意识的自然发酵逐渐发展到有意识的人工发酵，必然要经过一个很长的时间。至于酿酒工艺究竟是从什么时候开始，是哪个人创造的，却很难断定。

酿酒工艺在我国有着悠久的历史。根据我国古书上的记载，关于酒的来源，有好几种说法。一种说法认为是黄帝（约前2550）创制的；另一种说法认为是夏禹时（约前2140）一个名叫仪狄的人发明的；还有一种说法认为是一个名叫杜康的人发明的，但杜康是什么时候的人，却无从稽考。总之，酿酒工艺是我们的远古祖先通过长期实践逐渐发展起来的，不能仅仅归功于一个人，不能具体说是哪个人所发明。

殷商时代，由于农业生产渐渐发达，用谷物酿酒，也就普遍起来。在甲

古代酿酒

骨文里留下了许多殷商帝王用酒祭祀祖先的记载。例如，在一片甲骨上记着"鬯其酒（鬯 chàng，一种香酒）于大甲于丁"。意思是说，"向死者大甲和丁供献香酒。"在从殷墟发掘出的实物中，就有数量众多的饮酒和盛酒器皿，足见当时造酒工业的发达和统治阶层饮酒风气的盛行。

到了周朝，酿酒技术有所提高，而且酒的饮用更为普遍，酒的产量也大大增加。那时酿酒的发酵剂大概还是"蘖"（niè）、"曲"并用，不过在工艺上大有改进。什么是"蘖"和"曲"？谷物经过发芽、糖化，由淀粉转变为糖，蒸煮以后，遇到酵母菌，就发酵而生成酒。这种发芽而糖化的谷粒当时叫作"蘖"。后来人们改进方法，把淀粉糖化和酒化两个步骤结合在一起来进行，先将谷粒蒸煮或碎裂，遇水就不会发芽，可是放置久了，遇到自然界的霉菌，表面就渐渐生霉，这样的发霉的谷物当时叫蘖"曲"。曲不但有富于糖化力的曲霉，而且有促进酒化的酵母菌。用曲酿酒的方法，在酿酒技术上是我国的一个最早发明，在传说中的夏朝以前就已经使用。周朝时期酒的品种也较多，《周礼》中就有"元酒"、"清酌"、"粢（zī）醍（tí）"、"澄酒"、"旧泽"等等酒的名目，比起殷商时期只有"醴"（甜酒）、"鬯"（香酒）两个品种，已大大地增加了。可见酿酒生产在殷周两朝这1 400多年里已经构成我国普遍手工业之一。

秦汉以来，制曲技术又有不断的提高：先把谷粒发酵以制成曲，再利用曲来使更多的谷粒糖化和酒化而酿成酒。这是我们祖先的又一项天才发明。当时汉朝虽然还有用"蘖"来造酒，但主要的酒药却已经是曲了。据《汉书·食货志下》所载：酿用粗米二斛，曲一斛，得成酒六斛六斗。这种最早的原料与成品的比例，基本上是符合酿造原理的。这也是我国在酿酒工艺上的一个很大成就。

左右人类进程的化学之最

到了4、5世纪，我国各地不但已普遍用曲酿酒，而且工艺上也续有改进。北魏（386—534）贾思勰著的《齐民要术》里详细记载制曲酿酒的方法，这在全世界是没有的。距今1400多年前制出的曲已有10多种，而且已达到相当高的水平。宋朝的制曲法更有提高，同时又

酒 曲

创制出一种"红曲"，用它能酿出红酒。这种红曲是经发酵作用而得出的一种透红心的大米，它是用大米经过"红米霉"的作用而产生的，"红米霉"繁殖很慢，容易被其他繁殖快速的霉菌所压制，如果没有较高的技术水平，是无法生产的，因此这种"红曲"在发酵工业上又是我国的一项新奇发明，连西方的酿造专家对此也不得不表示惊叹。

总之我国对于酿酒有着很长的历史，在酿酒工艺上有过不少发明和贡献，是世界上酿酒最早的国家。

甲 骨

中国古代占卜时用的龟甲和兽骨，其中龟甲又称为卜甲，多用龟的腹甲；兽骨又称为卜骨，多用牛的肩胛骨，也有羊、猪、虎骨及人骨。卜甲和卜骨，合称为甲骨。

使用甲骨进行占卜，要先取材、锯削、刮磨，再用金属工具在甲骨上钻出圆窝，在圆窝旁凿出菱形的凹槽，此过程称为钻、凿。然后用火灼烧甲骨，根据甲骨反面裂出的兆纹判断凶吉。

中国在新石器时代晚期就已出现占卜用的甲或骨，至商代甲骨盛行，到周初或更晚仍有甲骨。商周时期的甲骨上还刻有占卜的文字——甲骨文。

殷墟出土的甲骨已有15万片左右，对甲骨的研究包括释读、卜法文例分析、分期断代研究和社会历史考证等。研究的一般步骤是整理、缀合、墨拓、分类、分期、著录、释读和综合研究。

甲骨文是古代比较完整的一种文体，可汉字的历史才是最悠久的。

酒　曲

知道酿酒一定要加入酒曲，但一直不知道曲蘖的本质所在。现代科学才解开其中的奥秘。酿酒加曲，是因为酒曲上生长着大量的微生物，还有微生物所分泌的酶（淀粉酶、糖化酶和蛋白酶等），酶具有生物催化作用，可以加速将谷物中的淀粉、蛋白质等转变成糖、氨基酸。糖分在酵母菌的酶的作用下，分解成乙醇，即酒精。蘖也含有许多这样的酶，具有糖化作用，可以将蘖本身中的淀粉转变成糖分，在酵母菌的作用下再转变成乙醇。同时，酒曲本身含有淀粉和蛋白质等，也是酿酒原料。

日本有位著名的微生物学家坂口谨一郎教授认为这甚至可与中国古代的四大发明相媲美，这显然是从生物工程技术在当今科学技术的重要地位推断出来的。随着时代的发展，我国古代人民所创立的方法将日益显示其重要的作用。

筛眼最小的筛子

化学分析上用以筛取试样的筛子，其筛眼最小的为200目（即1平方厘米的面积内有200个筛眼），只能用以筛分固体，但不能用以筛分气体或液体，气体或液体都是由自由运动的分子聚集而成的流体，它们分子的直径很小，科学上用单位"埃"（Å）来表示，1Å＝0.000 000 01厘米，即万万分之一厘米。对于人工制造的筛子，即使筛眼再小，它们也能透过。那么，科学上和工业上要从气体或液体混合物中把某种成分分离开来，又有什么办法呢？

左右人类进程的化学之最

约在 200 年前，科学家们从天然矿物中发现一些铝硅酸盐晶体具有这种筛分功能，它能从气体或液体混合物中把某种成分筛分开来。由于当这些天然铝硅酸盐加热时，熔融和沸腾同时发生，并呈现"膨胀"现象，人们便把它叫作"泡沸石"。泡沸石是一种"天然分子筛"。约在 20 世纪 30 年代，经过不断的研究，人们也能用人工方法制出合成泡沸石，具有与天然泡沸石相似的筛分（或筛选）性能，因此就把它叫作"合成分子筛"。到了 50 年代，工业上制出的"合成分子筛"有十几种。如今，"合成分子筛"的品种更多，已发展到好几十种，并已投入生产，在许多工业部门中已大量使用。

拿人工合成的泡沸石如微孔性的铝硅酸盐来说，它是用硅酸钠（即水玻璃）、偏铝酸钠、氢氧化钠为原料而制得的。这种铝硅酸盐晶体具有许多孔径均匀的微小孔道和内表面很大的孔穴，能让直径比孔道小的分子透过而被吸附着，因而对大小不等的分子起着筛分作用，而把它们分离开来。分子筛对

泡沸石

于不同的分子，吸附作用也不同。一种分子筛能吸附某种分子，但不吸附其他分子，它的吸附性能是有选择性的。

由于化学组成、晶体结构和孔径大小的不同，工业上用的合成分子筛有很多种型号，应用也越来越广，可以用作高选择性的吸附剂来分离、提纯气体或液体混合物。可以用作气体或液体的深度干燥剂，还可用作催化剂和催化剂的载体，以及离子交换剂，等等。

用过的分子筛可以通过加热、吹洗、抽空等步骤以除去被吸附的物质，这个过程叫分子筛的"再生"。分子筛"再生"以后，仍可重新使用和反复再生。

知识点

催化剂

根据国际纯粹化学和应用化学联合会的定义：催化剂是一种改变反应速率但不改变本身的质量和化学性质的物质。

催化剂在化学反应中所起的作用叫催化作用。催化剂在工业上也称为触媒。

催化剂自身的组成、化学性质和质量在反应前后不发生变化；它和反应体系的关系就像锁与钥匙的关系一样，具有高度的选择性（或专一性）。一种催化剂并非对所有的化学反应都有催化作用，例如二氧化锰在氯酸钾受热分解中起催化作用，加快化学反应速率，但对其他的化学反应就不一定有催化作用。某些化学反应并非只有唯一的催化剂，例如氯酸钾受热分解中能起催化作用的还有氧化镁、氧化铁和氧化铜等等。

延伸阅读

筛子盛水

筛子盛水这样的事情也不只是在童话中才有。物理学的知识帮助了我们做到这件一般认为不可能的事情。拿一个金属丝编成的直径15厘米的筛子，筛孔不必太小（直径大约在1毫米左右），把筛网浸到熔化的石蜡里。然后把筛子拿起，金属丝上就覆上一薄层人的眼睛几乎看不见的石蜡。现在，筛子仍旧是筛子——那儿有可以透过大头针的孔——但是现在你已经能够用它来盛水了。在这种筛子里，可以盛相当高的水层而不会让水透过筛孔漏下来，只要你盛水的时候小心些，并且不要让筛子受到震动就可以了。为什么水不会漏下去呢？因为水是不会把石蜡沾湿的。因此，在各筛孔里造成了向下凹的薄膜，正是这个薄膜支持了水不漏下去。假如把这浸过石蜡的筛子放到水上去，那么它就会留在水面上。可见这筛子不但可以用来盛水，而且还能够在水面上浮起。这个看来好像很奇怪的实验,解释了我们平日看惯了的却没有好好想过的许多最普通的现象。木桶和小艇上涂松脂,塞子和套管上抹油,以及所有我们想要做成不透水的物体上都涂上油漆之类,还有在织物上涂敷橡胶——这一切,目的无非跟方才筛子浸石蜡一样,总的目的是一样的,不过筛子的情形更显得特别罢了。

最早的制盐法

我国人民很早就懂得制盐和用盐调味。相传在夏朝(前2140—前1711),我们的祖先就会用海水煮盐。福建出土的文物中发现有古代熬盐器皿,据考证是殷商时期的遗物,可见福建沿海居民在3 700年前就已经会利用海水来煮盐了。周朝(前1066—前256)制盐规模更大,并设有专职的盐官——"盐人"来管理制盐事业。这时已能用盐湖的咸水来煮盐,开创了湖盐的生产。这种湖盐当时用作向统治阶层缴税的实物。

春秋时(前722—前481),齐国宰相管仲大力发展盐业,盐税成为国家的一笔巨大收入。在这段时期,劳动人民不但利用盐池(如山西运城的解池)的咸水,借着太阳的热来晒盐,而且也能开凿盐井(如四川的盐井)把地下的成卤水汲取上来煎熬成盐。

管　仲

汉朝制盐事业更加发达,从事盐业的劳动人民在生产实践中积累了丰富的知识和经验。他们趁着天晴干燥的时候,把含有盐质的土堆积起来,用水淋出较浓的咸卤水来煎熬成盐。制盐在汉朝初期已成为国家的三大工艺(冶铁、制盐、铸钱)之一。著名的《盐铁论》反映了盐在国家经济中所占的重

手工制盐

要地位。唐朝的制盐方法又向前推进了一大步，人们已能把土地开辟成"畦"（qí，即在大面积的土地上开辟成一块块的小区），并开沟引进咸卤水，让太阳来晒盐。宋、元以来，制盐技术更有提高也更成熟。

关于古代制盐工艺的记载，以明末宋应星的《天工开物·作咸篇》所叙述的最为详细。

宋应星所述的制盐工艺过程，虽然是从宋元或更早以前留传下来的方法，但至今仍在沿用。

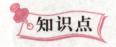

管　仲

管仲（约前723或前716—前645），名夷吾，谥曰"敬仲"，汉族，颍上（今属安徽）人，史称管子。春秋时期齐国著名政治家、军事家，周穆王的后代。管仲少时丧父，老母在堂，生活贫苦，不得不过早地挑起家庭重担，为维持生计，与鲍叔牙合伙经商；后从军，到齐国，几经曲折，经鲍叔牙力荐，为齐国上卿（即丞相），被称为"春秋第一相"，辅佐齐桓公成为春秋时期的第一霸主，所以又说"管夷吾举于士"。管仲的言论见于《国语·齐语》，另有《管子》一书传世。

人造金刚石

在天然金刚石日益供不应求的情况下，美国通用电器公司在1955年2月宣布制成了合成金刚石，虽然它的性能还抵不上天然金刚石，但已能满足工业上的需求。

金刚石可以用石墨来制取，石墨也是一种结晶形碳，但由于碳原子在石墨和金刚石里的排列方式不同，因而它们的性质有很大的差异。金刚石是最硬的物质，而石墨却是非常软的。

把石墨的晶体结构转化为金刚石的晶体结构是极为困难的。要使石墨在隔绝空气的情况下，加热到2 000℃和加压到5万~10万个大气压，并使用铬、铁和铂等做催化剂。这样，几分钟内可以生成几千粒极小的金刚石晶体。但要生成1克拉大小的人造金刚石，则要1周左右。所以人造金刚石的制造极为不易且成本很高。

新中国成立后，我国也用石墨成功地制出了金刚石。

中国首创湿法炼铜

湿法炼铜，也叫胆铜法，即把铁放在胆矾（即硫酸铜）溶液中，让胆矾成分中的铜被金属铁置换而沉析出金属铜来，这种产铜方法以我国为最早，是湿法冶金技术的起源。今天，铁元素比铜元素活跃，它能在铜盐溶液中，经过置换反应，置换出铜来，这已是最基本的化学知识。而这种置换反应，却是由中国首先发现，并加以实际利用的。

铁铜置换反应的发现，是炼丹家在化学方面的一大贡献。他们在炼丹实践中，观察到这一置换现象，并不断加以记录和总结。现知这一置换现象的最早文字记录，是2 000多年前在西汉时成书的《淮南万毕术》一书中所记载的，"曾青得铁则化为铜"。曾青，又叫空青、石胆、胆矾，为天然的硫酸铜。硫酸铜一般是蓝色结晶体，因在空气中会部分风化失去水分，

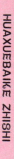

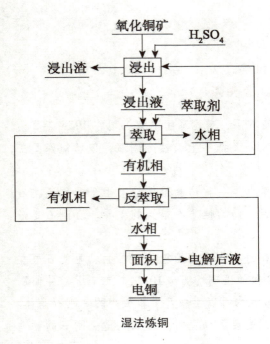

湿法炼铜

而呈白色，故又有白青之称。曾青是炼丹家在炼丹活动中的常用药物，被认为"久服身轻不老"。它亦被引入医学，作为治疗疮疥等疾患的用药，故中药本草著作中也有记载。汉代成书的《神农本草经》中，即记有石胆"能化铁为铜"。不单是硫酸铜会与铁起置换反应，其他可溶性铜盐也会与铁起置换反应。

对此，古代的炼丹家和药物学家也有所发现。南北朝时著名的炼丹家和药物学家陶弘景就说："鸡屎矾……投苦酒中，涂铁皆作铜色。"苦酒即醋酸，鸡屎矾可能是碱性硫酸铜或碱性碳酸铜，因难溶于水，要加醋酸方能溶解。

与火法炼铜相比较，湿法炼铜有着多方面的优越性。它可以就地取材，在胆水多的地方设置铜场，设备简单，技术操作容易，成本低；只要把蒲铁片或碎铁块投入胆水槽中浸渍，就可获取铜，而且铜质精纯。它的冶炼过程是在常温下进行的，可以节省大量燃料，免除鼓风、熔炼等设备，也减轻了炼铜工人的劳动强度，并减少了环境污染。而且，胆铜法不管是贫矿还是富矿，都可使用。

胆铜法何时由炼丹家的炼丹实验转成工业生产，现在尚不清楚。有人推测在唐末或五代已经开始湿法炼铜，而在北宋时已经实际应用并得到推广，却是确定无疑的。在11世纪末，北宋哲宗时的张潜已著有湿法炼铜专著《浸胆要略》，尽管此书已经佚亡，但却反映了当时已有一整套湿法炼铜的工艺，并已有人进行了总结。据《宋会要辑稿》记载，北宋时用湿法炼铜的地区有11处，分布在广东、湖南、江西、福建、浙江等地。其中，信州铅山（今江西省铅山县）的冶铜工场有浸铜沟漕77处，绍圣三年（1096年）产铜38万斤；而广东韶关岑水的工场，在政和六年（1116年）产铜达100万斤之多。

据统计，1107—1110 年，北宋政府每年收铜 660 万斤，其中胆铜有 100 多万斤，占 15%～20%。到南宋时，政府收取的铜中，胆铜所占的比例达到 85% 之多。湿法炼铜的方法，在明、清两代仍继续采用，至今仍有些地区用此方法炼铜。

北　宋

北宋（960—1127）是中国历史上的一个朝代，由赵匡胤建立，建都开封，与南宋合称宋朝，又称"两宋"。北宋王朝的建立，结束了自唐末以来四分五裂的局面，统治黄河中下游流域及以南一带广大地区，实现中国大统一。但由于与宋同时代的辽、金、西夏等国的强大，使北宋政权一直处于外族的威胁之中。1127 年，金军攻破开封，掠走徽、钦二帝，史称"靖康之变"，北宋灭亡。

最早使用的铝合金

地壳中铝的含量很多，到处都有铝的化合物存在。但由于它化学性质非常活泼，不易还原，因此炼铝工业发展得较晚，所以铝一向被称为"年轻的金属"。

1953 年，南京博物院考古工作者，在江苏宜兴县发掘了一座三国时东吴名将周处将军的墓，发现在尸骨腰部有着非常轻的金属饰片。经分析鉴定，证明这饰片是由含 85% 铝的合金制成的。经考证，周处将军死于西晋元康七年，即公元 297 年。从他墓中铝合金的发现，证明我国早在西晋时代就会炼铝了，远远早于德国孚勒开始制得铝的年代（1827 年），并说明，铝并不是"年轻的金属"。

波尔多液的最早使用

1878年欧洲葡萄霜霉病大流行时，在法国的波尔多城，发生了一件怪事。许多葡萄园里，霜霉病在猖狂地毁坏着葡萄。可是，独有一家葡萄园里靠近马路两旁的葡萄树，却安然无恙。

这是怎么回事？原来，由于马路两边的葡萄，常常被一些贪吃的行人摘掉，园工们为了防止行人偷吃葡萄，就往这些树上喷了些石灰水，又喷些硫酸铜溶液。石灰是白的，硫酸铜是蓝色的，喷了以后，行人以为这些树害了病，便不敢再吃树上的葡萄了。马路两边的葡萄树不害霜霉病，一定是与树上喷洒的石灰和硫酸铜大有关系。

人们根据这个线索钻研下去，经过几年的努力，终于在1885年制成了石灰和硫酸铜的混合液。在这种混合液里，石灰与硫酸铜起了化学反应，形成碱式硫酸铜，具有很强的杀菌能力，能够保护果树，使之不受病菌的侵害。由于这种混合液是在波尔多城发现的，并且从1885年就开始在波尔多城使用，所以被称为"波尔多液"。

波尔多液

现在，波尔多液成了农业上的一种重要杀菌剂，广泛地用来防治马铃薯晚疫病、梨黑星病、苹果褐斑病、柑橘疮痂病、葡萄霜霉病、甜菜褐斑病、枣锈病等。

配制波尔多液的方法是：把500克生石灰用少量水化开，并用25千克水稀释，再把500克硫酸铜用少量热水溶解，也用25千克水稀释，然后把二者倒进另一个木桶中，边倒边搅，于是便制成了淡蓝色不透明的、并含有许多絮状沉淀物的波尔多液。波尔多液配好后，要当天用完。如果放置一两天再喷洒，便不易黏附在作物的叶子上，会降低杀菌效力。

波尔多液的杀菌效果虽然不错,制备也较简单,但是由于硫酸铜是炼铜的原料,而铜是重要的国防工业原料和电器原材料,因此它的使用受到一定的限制,近年来逐渐被其他杀菌剂所取代。

杀菌剂

杀菌剂是用于防治由各种病原微生物引起的植物病害的一类农药,一般指杀真菌剂。但国际上,通常是作为防治各类病原微生物的药剂的总称。随着杀菌剂的发展,又区分出杀细菌剂、杀病毒剂、杀藻剂等亚类。据调查,全世界对植物有害的病原微生物(真菌、细菌、立克次体、支原体、病毒、藻类等)有8万种以上。历史上曾多次发生因某种植物病害流行而造成严重饥荒,甚至大量人口饿死的灾祸。使用杀菌剂是防治植物病害的一种经济有效的方法。

波尔多液使用注意事项

注意原料选择:应选用纯净、优质、白色生石灰块和纯蓝色的硫酸铜。注意硫酸铜不应夹带绿色和黄色杂质。

掌握配制方法:先取1/3的水配制石灰乳液,充分溶解过滤备用;再取2/3的水配制硫酸铜液,充分溶解备用。将硫酸铜液慢慢倒入石灰乳液中,边倒边搅拌或将硫酸铜液、石灰乳液分别同时慢慢倒入同一个容器中,边倒边搅拌。绝不可将石灰乳液倒入硫酸铜溶液中,否则配制成的药液沉淀快,易发生药害。注意波尔多液要随配随用,当天配的药液宜当天用完,不宜久存,更不得过夜,也不能稀释。配制波尔多液不宜用金属器具,尤其不能用铁器,以防发生化学反应降低药效。

注意用药时期:雨季到来后,一般在果实封穗硬核期(7月下旬到8月上旬）用于防治葡萄炭疽病、白腐病、黑痘病、霜霉病等。使用前应普喷一次80%代森锰锌，喷后10～15天，喷一次半量式波尔多液，喷药一定要均匀细致，果粒、穗轴都必须喷到。着色后用无公害农药，不宜再喷施波尔多液。采果后可使用石灰等量式波尔多液（1：1：200）进行防治。

合理使用药剂：波尔多液呈碱性，有效成分有钙和铜，不能与石硫合剂、多菌灵、甲基托布津、代森锰锌等杀菌剂、杀虫剂混用。波尔多液与杀菌剂、杀虫药分别使用时必须间隔10～15天。

适时安全喷药：使用波尔多液应避开高温、高湿天气，如在炎热的中午或有露水的早晨喷波尔多液，易引起石灰和铜离子迅速聚增，致使叶片、果粒灼伤。一般应在15时后喷药较为安全。

雷汞引爆剂的试验成功

1847年，意大利的年轻化学家索布瑞罗，把甘油滴到浓硝酸和浓硫酸的混合液里，得到一种物质，叫作硝化甘油。当他用酒精灯对这种液体蒸发提纯的时候，突然发生了爆炸。令人奇怪的是，如果把这种液体慢慢地滴到火中，它只是缓慢地燃烧，并不爆炸；如果突然把它加热，或者使它受到猛烈的震动，它就会立即猛烈地爆炸起来。

1860年，年轻的瑞典人诺贝尔看到这份报告，对硝化甘油产生了强烈的兴趣。他想用它代替黑色火药去开发矿山，开凿隧道的效力一定会大得多。于是动员他的弟弟和他一起进行试验。

诺贝尔想，硝化甘油一受热就要爆炸，这太危险，是不能应用到生产上去的。黑色火药是用一根裹着火硝的药线引爆的，如果能给硝化甘油提供一种引爆药线，使用起来就能安全了。他试用黑色火药、

炸 药

火药棉（硝化纤维）等来作为引爆的药线，结果均不理想。更不幸的是，在一次试验中发生了极为猛烈的爆炸，整个实验室被炸坏，牺牲了5个实验人员，其中有一个就是诺贝尔的弟弟。

强烈的悲痛和试验失败的打击并没有动摇诺贝尔继续研究的决心，他顽强地不断设法改进。有一次，他把雷汞（雷酸水银）装进一根导管里，用它来引爆硝化甘油。他独自一个人点燃了雷汞，凝神注视着。他忘却了一切，忘记了自己的安全。火花逐渐接近硝化甘油。突然一声巨响，刹那间，实验室再次被炸，地上炸成一个大坑。人们在担心："诺贝尔完了！"在弥漫的硝烟里跑出一个人来，这个人就是诺贝尔。他身上的衣服着了火，血迹斑斑，一面奔跑，一面狂呼："我成功了！我成功了！"诺贝尔成功地解决了硝化甘油的引爆问题。引爆剂雷管也就是这样诞生的。

诺贝尔正式建立了生产新炸药硝化甘油的公司。这种新炸药很快畅销全球。后来，诺贝尔经过苦心研究，制造出另一种固体烈性炸药——三硝基甲苯（又名TNT）。这种黄色的固体炸药，运输方便，安全可靠，比硝化甘油更好，因而很快得到普遍的推广和使用。在改造自然、发展工业中，世界各国都在使用诺贝尔的烈性炸药。诺贝尔也就闻名世界了，与此同时，帝国主义者却用诺贝尔发明的烈性炸药制造了杀伤力很大的武器，给人们带来了巨大的灾害，诺贝尔对此感到十分痛心。

在他晚年的时候（1895年11月29日），他签署了一份有名的遗嘱：把他由于发明而获得的财产作为基金，每年把得到的利息作为奖金，奖励在科学上、文学上和世界和平事业上对于人类做出贡献最大的人。这就是世界著名的"诺贝尔奖金"。

知识点

帝国主义

帝国主义即垄断资本主义，是资本主义的垄断阶段，也是资本主义发展的最高阶级和最后阶段。随着生产力的发展和生产社会化程度的提高，资本关系的社会化随之发展，资本主义生产关系发生了新的变化，垄断组织的统治成为经济生活的基础，资本主义就从自由竞争阶段进入垄断阶段。列宁指出，帝国主义是一个体系，即"极少数'先进'国对世界上大多数居民施行殖民压迫和金融扼制的体系"。同时，对帝国主义的历史地位做了科学分析，指出了它被社会主义制度代替的必然性。帝国主义的实质和最深厚的基础是垄断。

延伸阅读

炸药的用途

炸药因其具有成本低廉、节省人力，并能加快工程建设的优点，和在特殊环境下做功的特性，因而已愈来愈广泛地应用于国民经济各部门。在矿山开采方面，利用炸药进行大规模爆破，来开采金属矿和露天煤矿；利用聚能射流效应装填炸药的石油射孔弹，可用于石油开采；在地质勘探方面，用炸药制成的震源药柱用于地震探矿；在机械制造工业上，炸药用于爆炸成型、切割金属、爆炸焊接等工艺；在水利电力工程方面，炸药用于修筑水坝、疏通河道、平整土地；铁路、公路建设中，炸药用于劈山开路、开凿隧道、峒室等；炸药还大量用于开采各种石料。

炸药在军事上可用作炮弹、航空炸弹、导弹、地雷、鱼雷、手榴弹等弹药的爆炸装药，也可用于核弹的引爆装置和军事爆破。在工业上广泛应用于采矿、筑路、兴修水利、工程爆破、金属加工等，还广泛应用于地震探查等科学技术领域。

青史留名的化学人物

在几千年的化学发展史中,诞生了许许多多影响深远的化学人物。如中国第一个被以名字命名还原反应的化学家黄鸣龙,化学造诣很深的卡文迪许,最早发现氟、氮、溴、铝、铷、氦的化学家,更有闻名世界的居里夫人等。

这些大名鼎鼎的化学家们穷尽一生的精力,默默地在化学的广袤天地里孜孜不倦地钻研着。正是他们辛勤努力的付出,才有了一个个影响深远的化学成果,一部部化学著作的诞生。他们在世界化学史中扮演着领导者的角色。

他们永远也不会被人类忘记,将永远铭刻在人类历史的功劳簿上。

中国化学家黄鸣龙

黄鸣龙(1898—1979),有机化学家,江苏扬州人。1917年毕业于江苏省扬州中学,1918年毕业于浙江医药专科学校。1924年获德国柏林大学化学博士学位。1925年回国后,任浙江医药专科学校教授兼主任。

1934—1940年先后在德国符兹堡大学、德国先灵药厂研究院、英国伦敦大学做访问教授。1940年回国,任中央研究院研究员、西南联合大学教授。

1945—1952 年，先后任美国哈佛大学生访问教授、默克药厂研究员。

1952 年回国后，历任中国人民解放军医学科学院化学系主任、中国科学院有机化学研究所研究员、中科院数学物理化学部委员、中国药学会副理事长，是第三届全国人大代表，第二、三、五届全国政协委员。1938 年开始从事甾体化学的研究。首次发现甾体中的双烯酮反应，用于生产雌性激素。发现变质山道年的 4 个异构体在酸碱中可以成圈转变，由此推断出山道年及 4 个变质山道年的相对构型。

1945 年在美国从事凯西纳·华尔夫还原法的研究中取得突破性成果。国际上称之为黄鸣龙还原法。领导了用七步法合成可的松的研究，并协助工业部门投入了生产。领导研制了甲地孕酮等计划生育药物，为建立甾体药物工业做出了重大贡献。关于甾体合成和甾体反应的研究，1982 年获国家自然科学奖二等奖。发表论文百余篇。

黄鸣龙，有机化学史上迄今唯一一个用中国人的名字命名的反应！

黄鸣龙还原法的基础是郎凯惜纳还原法，黄鸣龙在其反应条件上进行了改良，先将醛、酮、氢氧化钠、肼的水溶液和一个高沸点的水溶性溶剂（如二甘醇、三甘醇）一起加热，使醛、酮变成腙，再蒸出过量的水和未反应的肼，待达到腙的分解温度（约 200℃时继续回流 3～4 个小时至反应完成），这样可以不使用郎凯惜纳法中的无水肼，反应可在常压下进行，而且缩短反应时间，提高反应产率（可达 90%）。

可的松

可的松是肾上腺皮质激素类药，主要应用于肾上腺皮质功能减退症及垂体功能减退症的替代治疗，亦可用于过敏性和炎症性疾病。本品可迅速由消化道吸收，在肝脏组织中转化为具活性的氢化可的松而发挥效应，口服后能快速发挥作用，而肌内注射吸收较慢。其药理作用与波尼松类似，但疗效较差。可的松可引起心肌损伤和心电图的变化，也有引起颅内压增高的危险。

生物的神经系统反应

生物的神经系统反应源自生理学的概念，指由刺激所引起的有机体、组织、器官的原有状态的改变或活动。

行为主义心理学把"反应"作为自己的一个最基本的概念。行为论强调可观察的行为，把心理现象归结为"刺激—反应"公式，把心理学的任务归结为由刺激探讨反应或由反应探讨刺激，目的是确定刺激条件以达到对行为的预测和控制。行为论者认为心理学与生理学一样研究简单或较复杂的反应，但行为主义心理学偏重研究较复杂的反应，或称之为动作或行为，但仍属于反应的性质。按行为论的观点，反应是相对地直接跟随刺激而发生的。

人的心理可区分为知、情、意三个方面，或认识活动和意向两个方面。情、意或意向活动客观地物质化时则成为见之于外的行动。人的行动受主观心理活动的制约，决定于当前的事物，也受已往经历过的事物的影响。所以行为论的"反应"概念是机械的，不符合心理的事实。

非行为主义的心理学中也采用"反应"这个术语，但它的意义已不局限于行为论者所秉持的生理学概念。如在18世纪末发现并一直不断得到研究的反应时，以及作为心理学一种研究方法的反应法，心理学实验中常用的简单反应、复杂反应和辨别反应等。近代辩证唯物论心理学者采用"反应"这个术语，意指客观事物对人引起的心理活动以及心理活动对客观事物的能动的反作用。因此其意义在本质上不同于行为论者所说的反应，也有异于一般所说应用于其他事物的反应。

学富五车的卡文迪许

英国在18世纪，诞生了一大批化学家，如布拉克以及普列斯特列等人，都是出身于中产阶级的学者。这些人之中，只有一位是百万富翁，他一生从事于化学和物理学的研究,当然用不着另有正式职业。他发现了很多前人不知道的事物。他的名字是亨利·卡文迪许。卡文迪许生性孤僻,沉默寡言。曾经有科学史家说,"他是有学问的人当中最富的,也是富人当中最有学问的。"

卡文迪许

卡文迪许一生所过的生活十分朴素,因此他在银行里所存的钱数很多,另外还有房产和地产,他成为当时英国银行里最大的储户。卡文迪许出生于 1731 年 10 月 10 日,当时,他的母亲正在法国休养,所以他是生在法国南部的。他是在牛顿病故后四年出生的,他读过牛顿的全部著作,一生最佩服牛顿的学识和为人。

卡文迪许公开发表的论文并不多。他没有写过一本书,在长长的 50 年之中,发表的论文也只有 18 篇。除了一篇在 1771 年发表的论文是理论性的以外,其余的论文内容都是实验性的和观察性的。大部分是关于水槽化学方面的,先后发表在 1766 年到 1788 年的英国皇家学会的期刊上。又有一部分是关于液态物质冰点的研究,发表于 1783 年到 1788 年。

还有一部分是有关地球平均密度的研究,发表于 1798 年。在他逝世以后,人们发现他有大量文稿,一直藏着未经公开发表。这部分未发表的论文相当多:电学部分由 19 世纪的大物理学家麦克斯韦教授整理后在 1879 年出版;化学和力学部分是由索普于 1921 年主编出版的。卡文迪许是英国医学家、化学家,曾任爱丁堡大学教授,研究碱和二氧化碳。曾任格拉斯哥·安德森学院教授,主要研究磷的化合物。卡文迪许的父亲本来就是一位当时有名的学者,所以,他从小就得到父亲的鼓励,希望他在学术上能有所成就。他在 11 岁的时候,被送到当时著名的贵族中学去学习了 8 年之久。到 1749 年时,进了剑桥大学,一直到 1753 年(22 岁),因为他不赞成剑桥大学的宗教考试,所以没有取得任何学位,就离开了大学。

在 18 世纪,还没有公家办的实验室。卡文迪许在自己家里建起了一座规模相当大的实验室，他终身在自己家里做实验。他一生没有结婚，过着独身的生活。曾经有人说："没有一个活到 80 岁的人，一生讲的话像卡文迪许那样少的了。"在一本《化学史》书上，曾举出卡氏最怕交际的一件事例。有一天，一位英国科学家偕同一位奥地利科学家到班克斯爵士的家里。适巧卡文迪许也在座，当时便介绍他们相识。在介绍时，班氏曾对这位远客盛赞卡氏，而这位初见面的客人更对卡氏说出无比景仰的话，并说这次来伦敦的最大收获，就是专诚奉访这位名震一时的大科学家。卡氏听到这话，起初大为忸怩，终于完全手足无措，便从人丛中冲出室外，坐上他自己的马车赶回家去了。从这段记载，可以看出卡文迪许为人性格孤僻。

卡文迪许离开剑桥大学后，就跟着父亲旁听英国皇家学会的会议，每星期四中午，参加学会的聚餐会。到了 1760 年，他被选为皇家学会会员。一直到目前为止，在英国，凡是有皇家学会会员头衔的人，都是受人们尊敬的。在度过了近 80 年的孤独生活之后，他于 1810 年 2 月 24 日谢世。当他感觉到自己病很重快要死时，就对照料他的男女仆人说："你们暂时离开我一会儿，过一个小时再回来。"等到仆人再回来时，发现他已经停止了呼吸。他留下了一笔数目很大的遗产，据当时估计在 1 000 万英镑之上。他的侄子乔治·卡文迪许继承了遗产和爵位。

卡文迪许一生的研究工作是很广泛的。他的第一篇论文，详细叙述了"可燃空气"的特性。这就是现在所指的氢气。本来氢气在卡文迪许之前已经有一些人感觉到了，但是过去的人都没有能把氢气收集起来，第一次把"可燃空气"收集起来的是卡文迪许，并且做了仔细的研究。他在 1783 年又研究了空气的组成成分，做了很多实验，发表了题为《空气实验》的论文。也就在这个时候，他发现了水是氢和氧两种元素组成的。他把氢元素和氧元素放在一个玻璃球里以后通上电，证明了水是氢和氧的化合物。从现在看来，这是一项很简单的实验，可是在 1784 年之前，人们都把水看成元素。卡文迪许的这项实验的确是很不简单的。

当时法国的拉瓦锡已经说明了燃烧是氧化的结果。卡文迪许在他的论文里，一方面承认拉瓦锡的观点有一定的道理，一方面仍然坚持错误的"燃素说"。卡文迪许对于电学也做了大量的工作，19 世纪中期由麦克斯韦整理后正式出版了名为《亨利·卡文迪许勋爵的电学研究》一书，这才使人们知道，卡文迪许在库仑和欧姆之前，已经发现了关于电的好些特性了。卡文迪许最后的一项研究，是关于地球平均密度的。他提出的数字是每立方厘米5.448克，现在大家知道是5.5克。这说明了当时他的实验是相当准确的。他还有一项工作，是过了100年以后才得到承认的，那就是关于稀有气体元素存在的问题。

在1785年，卡文迪许就曾预言大气中有一种不知名的气体存在。他把电火花通过氧气与寻常空气的混合体，结果，发现一部分"浊气"（即氮气）未能氧化而被吸收。当时他说，这个残余部分"当然不超过管中'浊气'全量的1/120；因此在大气中倘有一部分'浊气'和其余部分相异，不能还原成亚硝酸，那么，我们可以稳妥地得出结论，就是它的体积绝不会超过全量的1/120"。这个重要的实验，化学家早已忘怀了。一直到1894年，拉姆塞和雷利发现氩等零族元素之后，卡文迪许100年前的实验才得到证实。

后人写了很多关于卡文迪许的书，例如，美国的贝雷在1960年所写的《亨利·卡文迪许》一书。为了纪念卡文迪许，他的族人赠款给英国剑桥大学于1871年建了一座物理实验室，这就是著名的卡文迪许实验室。这座实验室在19世纪后期和20世纪初期，成为世界上最有名的物理实验室，曾经做了大量物理实验工作，为建立原子物理学奠定了基础。

知识点

燃素说

燃素说是300年前的化学家们对燃烧的解释，他们认为火是由无数细小而活泼的微粒构成的物质实体。这种火的微粒既能同其他元素结合而形成化合物，也能以游离方式存在。大量游离的火微粒聚集在一起就形成明显的火焰，它弥散于大气之中便给人以热的感觉，由这种火微粒构成的火的元素就是"燃素"。

延伸阅读

卡文迪许早年的研究

早在库仑之前，卡文迪许已经研究了电荷在导体上的分布问题。1777年，他向皇家学会提出报告说："电的吸引力和排斥力很可能反比于电荷间距离的平方，如果是这样的话，那么物体中多余的电几乎全部堆积在紧靠物体表面的地方，而且这些电紧紧地压在一起，物体的其余部分处于中性状态。"他还通过实验证明电荷之间的作用力。其中，他还早于法拉第用实验证明电容器的电容取决于两极板之间的物质。他最早建立电势概念，指出导体两端的电势与通过它的电流成正比（欧姆定律在1827年才确立）。当时还无法测量电流强度，据说他勇敢地用自己的身体当作测量仪器，以从手指到手臂何处感到电振动来估计电流的强弱。

伟大的化学家舍勒

卡尔·威尔海姆·舍勒，1742年12月19日生于瑞典的斯特拉尔松，是瑞典著名化学家，氧气的最早发现人，同时对氯化氢、一氧化碳、二氧化碳、二氧化氮等多种气体，都有深入的研究。

由于经济上的困难，舍勒只勉强上完小学，年仅14岁就到哥德堡的班特利药店当了小学徒。药店的老药剂师马丁·鲍西，是一位好学的长者，他整天手不释卷，孜孜以求，学识渊博，同时，又有很高超的实验技巧。马丁·鲍西不仅制药，

舍 勒

而且还是哥德堡的名医,在哥德堡的市民看来,他简直就像古希腊的盖伦和中国的扁鹊、华佗一样,他的高超医术,在广大市民中,像神话一样流传着。

名师出高徒,马丁·鲍西的言传身教,对舍勒产生了极为深刻的影响。舍勒在工作之余也勤奋自学,他如饥似渴地读了当时流行的制药化学著作,还学习了炼金术和燃素理论的有关著作。他自己动手,制作了许多实验仪器,晚上在自己的房间里做各种各样的实验。他曾因一次小型的实验爆炸引起药店同事的许多非议,但由于受到马丁·鲍西的支持和保护,没有被赶出药店。舍勒在药店里边工作,边学习,边实验,经过8年多的努力,他的知识和才干大有长进,从一个只有小学文化的学徒,成长为一位知识渊博、技术熟练的药剂师。同时,他也有了自己的一笔小小的"财产"——近40卷化学藏书、一套精巧的自制化学实验仪器,正当他准备大展宏图的时候,生活中出现了一个不幸,马丁·鲍西的药店破产了。药店负债累累,无力偿还债款,只好拍卖包括房产在内的全部财产。这样,舍勒失去了生活的依托,失业了。他只好孤身一人,在瑞典各大城市游荡。

后来,舍勒在马尔摩城的柯杰斯垂姆药店找到了一份工作,药店的老板有点儿像马丁·鲍西,很理解舍勒,支持他搞实验研究。他们给了他一套房子,以便他居住和安置藏书及实验仪器。从此,舍勒结束了游荡生活,再不用为糊口奔波。环境安定了,他又重操旧业,开始了他的研究和实验。

读书,对舍勒启发很大,他曾回忆说,我从前人的著作中学会很多新奇的思想和实验技术,尤其是孔克尔的《化学实验大全》,给我的启示最大。

实验,使舍勒探测到许多化学的奥秘,据考证,舍勒的实验记录有数百万字,而且在实验中,他创造了许多仪器和方法,甚至还验证过许多炼金术的实验,并就此提出自己的看法。

舍勒后来工作的马尔摩城柯杰斯垂姆药店,靠近瑞典著名的鲁恩德大学,这给他的学术活动提供了方便。马尔摩城学术气氛很浓,而且离丹麦的名城哥本哈根也不远,这不仅方便了舍勒的学术交流,同时也使他得以及时掌握化学的进展情况,买到最新出版的化学文献,这对他自学化学知识有很大的帮助。从学术角度考虑,舍勒认为真正的财富并不是金钱,而是知识和书籍。因此,他特别注意收藏图书,每月的收入,除了吃穿用,剩下的几乎全部用来买书。舍勒勤学好问,潜心于事业,为人正派,救困扶贫。因此,他的人品受到学术界的极高评价。舍勒研究化学专心致志,他对一切问题,都愿意用化学观点来解释。舍勒的好友莱茨柯斯在回忆他与舍勒的交往以及舍勒的气质时说,"舍勒的天才完全用于实验科学,他有惊人的记忆力和理解力,但似乎他只能记住与化学有关的事情,他把许多事情都与化学联系起来加以说明,他有化学家的独特的思考方式。"

在科平城,舍勒经营的药店名气很大,收入可观。舍勒也十分喜欢这种把科学研究、生产商业活动有机地结合在一起的工作。虽然有几所大学慕名请舍勒任教,但都被他谢绝了,因为他的药房确实是一个很好的研究场所,舍勒不愿意离开。舍勒一生对化学贡献极多,其中最重要的是发现了氧气,并对氧气的性质做了深入的研究。

他发现氧气的时间始于1767年对亚硝酸钾的研究。起初,他通过加热硝石得到一种他称之为"硝石的挥发物"的物质,但对这种物质的性质和成分,当时尚不能解释。舍勒为深入研究这种现象废寝忘食,他曾对他的朋友说:"为了解释这种新的现象,我忘却了周围的一切,因为假使能达到最后的目的,那么这种考察是何等地愉快啊!而这种愉快是从内心中涌现出来的。"舍勒曾反复多次做了加热硝石的实验,他发现,把硝石放在坩埚中加热到红热时,会放出气体,而加热时放出的干热气体,遇到烟灰的粉末就会燃烧,放出耀眼的光芒。这种现象引起舍勒的极大兴趣,"我意识到必须对火进行研究,但是我注意到,假如不能把空气弄明白,那么对火的现象则不能形成正确的看法。"舍勒的这种观点已经接近"空气助燃"的观点,但遗憾的是他没有沿着这个思想深入地研究下去。

氧气的发现,在化学史上有着十分重要的意义。这不仅因为氧是地球上含量最多、分布最广、与人类生活关系非常密切的元素,而且还在于氧的发现使化学理论发生了一次革命,从而建立了燃烧的氧化学说,对燃烧现象做出科学的解释,宣告了统治化学达百年之久的燃素说的破产。

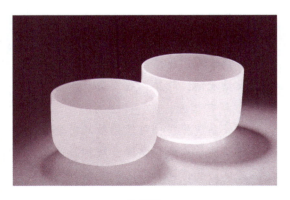

石英坩埚

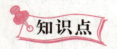

炼金术

炼金术是中世纪的一种化学哲学的思想和始祖，是化学的雏形。其目标是通过化学方法将一些基本金属转变为黄金，制造万灵药及制备长生不老药。现在的科学表明这种方法是行不通的。但是直到19世纪之前，炼金术尚未被科学证据所否定。包括牛顿在内的一些著名科学家都曾进行过炼金术的尝试。现代化学的出现才使人们对炼金术的可能性产生了怀疑。炼金术曾存在于古巴比伦、古埃及、波斯、古印度、中国、古希腊和古罗马，以及穆斯林文明。然后在欧洲存在直至19世纪，在一个复杂的网络之下跨越至少2 500年。

亚硝酸钾泄漏的急救措施

1. 泄漏应急处理

隔离泄漏污染区，限制出入。建议应急处理人员戴自给正压式呼吸器，穿一般作业工作服。勿使泄漏物与有机物、还原剂、易燃物或金属粉末接触。

小量泄漏：用洁净的铲子收集于干燥、洁净、有盖的容器中。

大量泄漏：收集回收或运至废物处理场所处置。

2. 防护措施

呼吸系统防护：可能接触其粉尘时，建议佩戴自吸过滤式防尘口罩。

眼睛防护：戴化学安全防护眼镜。

身体防护：穿聚乙烯防毒服。

手防护：戴橡胶手套。

其他：工作现场禁止吸烟、进食和饮水。工作毕，淋浴更衣。保持良好的卫生习惯。

3. 急救措施

皮肤接触：脱去被污染的衣物，用肥皂水和清水彻底冲洗。

眼睛接触：提起眼睑，用流动清水或生理盐水冲洗。就医。

吸入：迅速脱离现场至空气新鲜处。保持呼吸道通畅。如呼吸困难，给输氧。如呼吸停止，立即进行人工呼吸。就医。

食入：饮足量温水，催吐。就医。

灭火方法：消防人员须佩戴防毒面具，穿全身消防服。灭火剂：雾状水、砂土。

气体化学之父普列斯特列

普列斯特列于1733年3月13日出生在英国利兹，从小家境困难，由亲戚抚养成人。1751年进入神学院。毕业后大部分时间是做牧师，化学是他的业余爱好。他在化学、电学、自然哲学、神学等方面都有很多著作。他写了许多自以为得意的神学著作，然而使他名垂千古的却是他的科学著作。1764年（他31岁时）写成《电学史》。当时这是一部很有名的书，由于这部书的出版，1766年他当选为英国皇家学会会员。

1722年，（他39岁时），又写成了一部《光学史》，也是18世纪的一本名著。当时，他在利兹一方面担任牧师，一方面开始从事化学的研究工作。他对气体的研究是颇有成效的。他利用制得的氢气研究该气体对各种金属氧化物的作用。同年，普列斯特列还将木炭置于密闭的容器中燃烧，发现能使1/5的空气变成碳酸气，用石灰水吸收后，剩下的气体不助燃也不助呼吸。由于他虔信燃素说，因此把这种剩下来的气体叫"被燃素饱和了的空气"。显然他用木炭燃烧和碱液吸收的方法除去空气中的氧气和碳酸气，制得了氮气。此外，他发现了氧化氮，并用于空气的分析上。还发现或研究了氯化氢、氨气、二氧化碳、一氧化二氮、氧气等多种气体。1766年，他的《几种气体的实验和观察》三卷本出版。该书详细叙述各种气体的制备或性质。由于他对气体研究的卓著成就，所以他被称为"气体化学之父"。

在气体的研究中最为重要的是氧的发现。1774年，普列斯特列把汞烟

汞

灰（氧化汞）放在玻璃皿中用聚光镜加热，发现它很快就分解出气体来。他原以为放出的是空气，于是利用集气法收集产生的气体，并进行研究，发现该气体使蜡烛燃烧更旺，呼吸它感到十分轻松舒畅。他制得了氧气，还用实验证明了氧气有助燃和助呼吸的性质。但由于他是个顽固的燃素说信徒，仍认为空气是单一的气体，所以他还把这种气体叫"脱燃素空气"，其性质与前面发现的"被燃素饱和的空气"（氮气）差别只在于燃素的含量不同，因而助燃能力不同。同年他到欧洲参观旅行，在巴黎与拉瓦锡交换好多化学方面的看法，并把用聚光镜使汞银灰分解的实验告诉拉瓦锡，使了拉瓦锡受益匪浅。拉瓦锡正是重复了普列斯特列有关氧的实验，并与大量精确的实验材料联系起来，进行科学的分析判断，揭示了燃烧和空气的真实联系。

可是直到1783年，拉瓦锡的燃烧与氧化学说已普遍被人们认为是正确的时候，普列斯特列仍不接受拉瓦锡的解释，还坚持错误的燃素说，并且写了许多文章反对拉瓦锡的见解。

1791年，他由于同情法国大革命，做了好几次宣传大革命的讲演，而受到一些人的迫害，被抄家，图书及实验设备都被付之一炬。他只身逃出，躲避在伦敦，但伦敦也难于久居。1794年（他61岁时）不得不移居美国。在美国继续从事科学研究。1804年病故。英、美两国人民都十分尊敬他，在英国有他的全身塑像。在美国，他住过的房子已建成纪念馆，以他的名字命名的普列斯特列奖章已成为美国化学界的最高荣誉。

法国大革命

法国大革命，是1789年在法国爆发的资产阶级革命。统治法国多个世纪的君主制封建制度在三年内土崩瓦解。法国在这段时期经历了一个史诗式的转变：过往的封建、贵族和宗教特权不断受到自由主义政治组织及上街抗议的民众的冲击，旧的观念逐渐被全新的天赋人权、三权分立等的民主思想所取代。关于其结束时间尚存争议，正统观点认为1799年的雾月政变为革命终结的标志。另有观点认为1794年7月雅各宾派统治的结束为革命的终结，还有观点认为1830年七月王朝建立是革命终结的标志。

金属煅灰

金属的煅灰是不是金属和空气的化合物？为了验证这一点，拉瓦锡又用煅灰做了许多实验。他发现，把铅煅灰与焦炭一起加热时有大量"固定空气"释放出来，与此同时，煅灰还原成金属铅。这些"固定空气"是从哪里来的呢？他感到这绝不仅仅是从焦炭里吸取一点燃素那样简单了。联系到焦炭在空气中燃烧也生成"固定空气"的事实，拉瓦锡更加确信煅灰是金属和空气相结合的产物，而煅灰在用焦炭还原时所放出来的"固定空气"，一定是从煅灰中释放出来的空气与焦炭相结合的结果。要进一步证实这个结论，最有说服力的当然是设法从金属煅灰中直接分解出来空气，然而实验却未能成功。

最先制得氟的化学家

戴维和道尔顿是同时代的化学家。比道尔顿小12岁的汉弗莱·戴维热情奔放,擅长演说,实验技术高明,年轻时就做出了不少惊世之举而成为举世瞩目的化学家。他以实际行动在资本主义发展时期显示了科学的意义,为提高科学的社会地位做出了突出的贡献。

早在15世纪,人们在冶炼金属的时候,就已经发现,把某种矿物加入熔炉中可以加快熔炼的过程,并使熔渣与生成的金属分离得更加完全。当时便称这种矿物为"助熔的晶石"。这种矿物,在我国被称为"萤石"(主要成分为氟化钙)。

1670年,当法国的斯万瓦尔德用萤石和硫酸作用制得一种能腐蚀玻璃的气体后,很多人就猜想到这是氢和一种未知元素结合而成的化合物。但是将这一化合物分解为元素的一切努力都没有成功。

氟

1813年,英国年轻的化学家戴维把这元素定名为氟,首先企图在银、金、铂的容器中电解氢氟酸的溶液来分离氟,但是在电极上只得到氢和氧。在实验的时候,各种容器都受到不同程度的腐蚀,而他自己的健康也受到了影响。当时他认为用萤石容器来电解可以防止腐蚀,于是爱尔兰化学家诺克斯兄弟制成了一种萤石容器,用氟的汞、铝化合物进行实验,结果也失败了,因氢氟酸中毒,托马斯·诺克斯几乎丧命,乔治·诺克斯在那不勒斯休养3年后才恢复健康。后来鲁耶·尼克雷又进行了这项工作,但也成了科学的殉难者。法国科学家盖·吕萨克和泰纳尔在研究过程中都曾遭受到氟化氢的严重伤害。

此后,瑞典化学家付累密又企图用电解无水萤石的方法来获得氟;结果在阴极上得到了钙，而在阳极上析出一种气体，付累密虽然用尽方法，仍不能收集并证明这种气体。1869 年，英国化学家哥尔又用电解无水氟化银的方法得到少量气体，但它又随即和氢化合而引起了爆炸。他再用其他方法，仍未成功。直到 1886 年，氟才终于被药房学徒出身的法国化学家莫瓦桑制取出来。

从发现到制得氟，相隔了 216 年时间，这是元素发现史上相隔时间最长的元素。这 200 多年确实是一个艰苦的历程，但在数代科学家的努力下，终于制得了无坚不摧的气体——氟。

萤　石

萤石，又称氟石，是一种矿物，其主要成分是氟化钙，含杂质较多，Ca 常被 Y 和 Ce 等稀土元素替代，此外还含有少量的氧化铁、硅石和微量的 Cl、O_3、He 等。自然界中的萤石常显鲜艳的颜色，硬度比小刀低。它可以用于制备氟化氢：$CaF_2 + H_2SO_4 =\!=\!= CaSO_4 + 2HF\uparrow$；在人造萤石技术尚未成熟前，是制造镜头所用光学玻璃的材料之一。

氧气的发现

如果说碳酸气、氢气和氮气的发现是推翻燃素说的导火索，那么，氧气的发现则是这一事件的火药。然而，这一火药在最初发现氧气的舍勒和普列斯特列的手中却迟迟未能引爆，直到拉瓦锡对氧进行了深入的研究之后才摧毁了燃素说的老巢。这是什么原因呢？这不能说是陈旧观念的一种垂死挣扎，同时也由于舍勒和普列斯特列两人在研究工作中无法摆脱顽固的旧观念也未能更全面地进行研究。

1774 年前后，舍勒和普列斯特列分别先后独立地发现并制得了氧气，然而由于两人都是燃素说的信徒，受之困扰，对氧气能使火燃烧得更好的现象，他们都用了燃素说的解释。舍勒称氧气为"火气"，他仍认为燃烧是空气中的这种火气成分与燃烧体中燃素结合的过程，火是火气与燃素生成的化合物。普列斯特列则认为，空气乃是单一的气体，助燃能力之所以不同仅因为燃素含量的不同。他认为氧是一种"脱燃素空气"，故而吸收燃素的能力很强，助燃能力也就格外大。

最先发现氮的化学家

氮这种元素，最早出现在苏格兰医生、植物学家兼化学家丹尼尔·卢瑟福的论文《固定空气或浊气导论》里。

先是卢瑟福的老师布拉克，将含碳物质在一定量的空气里燃烧，生成了二氧化碳（当时称"固定空气"）。他用苛性钾溶液吸收了二氧化碳以后，发现仍有一定数量的气体存在。这时布拉克就请卢瑟福继续研究这种气体的性质。

卢瑟福把老鼠放进一只器皿里，密封器口，等到老鼠闷死以后，发现器内空气容积较之前减少了1/10；将剩余气体再用碱液吸收，又减少1/10容积。卢瑟福在老鼠不能生存的空气里点燃蜡烛，仍可见到烛光隐显。这时，他以为不容易从空气中将氧气（当时称"脱燃素的空气"）完全除净。

后来，卢瑟福用磷在闭口的器皿中燃烧，终于将空气里的氧气除尽了。结果剩下的气体，完全不能维持动物的生命，也不能帮助燃烧，但与"固定空气"不同，它不能使石灰水产生沉淀。他把这种气体定名为"浊气"。这就是现在所说的氮气。

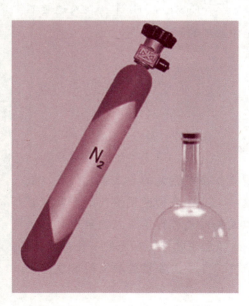

氮　气

与此同时，瑞典化学家舍勒和英国化学家卡文迪许也都独立地发现了氮气。舍勒应用硫黄和铁粉的混合物，吸收空气中的氧气，从而得到了氮气。卡文迪许把空气通过红热的木炭，然后用苛性钾吸收其中的二氧化碳，剩下了氮气。经仔细研究以后，他指出氮气的密度比空气的密度略小，但两者相差极少；它与二氧化碳一样，能使火焰熄灭，不过它的灭火程度没有二氧化碳显著而已。

以上几位化学家差不多同时独立地发现了氮气，但人们一般仍把卢瑟福称为氮气的最早发现者。

硫 黄

硫黄别名硫、胶体硫、硫黄块。外观为淡黄色脆性结晶或粉末，有特殊臭味。分子量为32.06，蒸气压是0.13帕，闪点为207℃，熔点为119℃，沸点为444.6℃，相对密度（水=1）为2.0。硫黄不溶于水，微溶于乙醇、醚，易溶于二硫化碳。作为易燃固体，硫黄主要用于制造染料、农药、火柴、火药、橡胶、人造丝等。

氮对植物的影响

氮是构成蛋白质的主要成分，对茎叶的生长和果实的发育有重要作用，是与产量关系最密切的营养元素。在第一穗果迅速膨大前，植株对氮元素的吸收量逐渐增加。

以后在整个生育期中，特别是结果盛期，吸收量达到最高峰。土壤缺氮时，植株矮小，叶片黄化，花芽分化延迟，花芽数减少，果实小，坐果少或不结果，产量低，品质差。氮元素过多时，植株徒长，枝繁叶茂，容易造成大量落花，果实发育停滞，含糖量降低，植株抗病力减弱。如番茄对氮肥之需，苗期不可缺少，适当控制，防止徒长；结果期应勤施多施，确保果实发育的需要。

最先发现溴的化学家

巴拉尔（1802—1876），法国化学家。于1802年9月30日生于埃罗的蒙彼利埃；1876年3月30日卒于巴黎。巴拉尔生于穷苦人家，他的教母关心他的教育，使他成为一名药剂师。他来到巴黎，在制药学校研习，在那里当泰纳尔的助手，他毕业于1826年。

1826年，刚从大学毕业的青年巴拉尔，很起劲地研究海藻。当时人们已经知道海藻中含有很多碘，巴拉尔研究怎样从海藻中提取碘。他把海藻烧成灰，用热水浸取，再往里通进氯气，这时就得到紫黑色的固体——碘的晶体。然而，奇怪的是，在提取后的母液底部，总沉着一层深褐色的液体，这液体具有刺鼻的臭味。这件事引起了巴拉尔的注意，他立即着手详细地进行研究，发现它在47℃时沸腾，密度为3克/立方厘米，能和许多金属化合。

溴

最后终于证明，这褐色的液体，是一种人们还未发现的新元素。巴拉尔把它命名为"鎓"，按照希腊文的原意，就是"盐水"的意思。巴拉尔把自己的发现通知了巴黎科学院。科学院委员会不赞成这个新名，于是改称为"溴"，溴的原文就是"恶臭"的意思。

巴拉尔关于发现溴的论文《海藻中的新元素》发表后，德国著名化学家李比希非常仔细、几乎是逐字逐句地读完了它。他深感后悔，因为前几年，某一德国厂商，拿来一瓶东西（溴）请李比希代为检验。他在匆忙中，不曾做详细的研究，便贸然断定瓶中物质为氯化碘。因此，他只是往瓶子上贴了一张"氯化碘"的标签就完了，没有发现这一元素。等他得知溴的发现的消息，顿时认识到自己的错误,为警戒自己,特地把那个贴有"氯化碘"标签纸的瓶子放在一只他自己称为"错误之柜"的箱中,并常把它拿给朋友看,希望朋友们也能从中吸取教训。从这件事以后,李比希在科学研究工作中,变得踏实多了,在化学上做出了许多贡献。在自传中,谈到这件事时,他这样写道:"从那以后,除非有非常可靠的实验做根据,我再也不凭空地自造理论了。"

碘

碘是元素周期表中的第53号元素。1811年法国药剂师库尔图瓦利首次发现碘。碘是紫黑色晶体,易升华,有毒性和腐蚀性。碘单质遇淀粉会变蓝色。主要用于制药物、染料、碘酒、试纸和碘化合物等。碘是人体必需的微量元素之一,健康成人体内的碘的总量为30mg(20~50mg),国家规定在食盐中添加碘的标准为20~30mg/kg。

溴化合物

溴化合物一般指含溴为-1价的氧化态二元化合物。包括金属溴化物、非金属溴化物以及溴化铵等。碱金属、碱土金属溴化物以及溴化铵易溶于水。难溶溴化物与难溶氯化物相似,但前者的溶解度通常小于相应的氯化物。溴化氢的水溶液称为氢溴酸,氢溴酸是一种强酸。也存在一些属于溴化物的卤素互化物,如溴化碘。碱金属和碱土金属的溴化物可由相应的碳酸盐或氢氧化物与氢溴酸作用制得。如:溴化锰、溴化钡、溴化铜、溴化镁、溴化铊、溴化汞、溴化氯、溴化苄等等。

发现铯和铷的化学家

1811年3月31日，罗伯特·威廉·本生出生在德国的哥廷根。他家是书香门第，父亲查里斯恩·本生是哥廷根大学图书馆馆长、语言学教授，母亲也有很好的文化素养，是一位学识渊博的高级职员的女儿。本生有兄弟4人，他排行第四。本生从小受到良好的教育，小学和中学都是在哥廷根读的，成绩优异，后来转到霍茨明登读大学预科，1828年预科毕业后回哥廷根上大学。他在大学学习了化学、物理学、矿物学和数学等课程。他的化学教师是著名化学家斯特罗迈尔，是化学元素镉的发现人。1830年，本生以一篇物理学方面的论文获得了博士学位。

19世纪初，化学家运用电解新技术发现了一系列过去没法还原的活泼金属——钠、钾、镁、钙、锶、钡。并用钠、钾等活泼金属去还原非金属化合物，发现了新的非金属——硼和硅。到了19世纪中叶，虽然化学分析这门艺术年年都有进步，使用的天平越来越精密，但在一段漫长的时间里，并没有发现新元素。同前一阶段借助于电解法一样，还是在物理学的研究成果的配合和帮助下，发现了一些新元素，不过这次帮忙的不是电，而是光。

这时，化学家本生和物理学家基尔霍夫，把学识、技能结合在一起，搞出了十分惊人的发现。1860年，本生和基尔霍夫发明了分光器。这是一种具有平行光管或金属管的光学仪器，管的一端装透镜，另一端留一细缝，其位置正好在透镜的焦点上，用来接收由白热的检验物上所射来的光线。管子架在一个能旋转的台座上。台座中央装有三棱镜，接受透镜射来的平行光线，往一旁折射，形成光谱（三棱镜被盒子罩着）。最后连接一架望远镜，用来观察棱镜所形成的光谱。

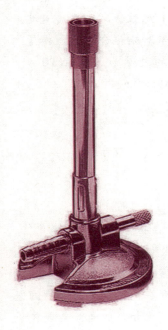

本生灯

实验开始了，他们用窗帘遮好窗户，在平行光管的细缝前面，放一盏点着的本生灯。基尔霍夫在望远镜中只能看到一点极微弱的光。当本生用一根白金丝蘸了一小粒纯食盐送进灯焰里，灯焰立刻变成了明亮的黄色。基尔霍夫见了就把眼睛凑到望远镜上。

"我看见两条黄线并排在一起，此外什么也没有了。背景是黑色的。黑色背景上有两条黄黄的空隙。"他说。

本生也依次向火焰里送进了碳酸钠、硫酸钠、硝酸钠和许多种其他的钠盐，它们产生的光谱，全都是黑色背景上出现两条明亮的黄线，这两条黄线永远出现在同一位置上。当把钾盐送进火焰时，灯焰被染成了鲜嫩的淡紫色，基尔霍夫在望远镜中看到黑暗的背景上，有一条紫线和一条红线。两条谱线当中的光谱，差不多是连成一片的，上面一条明亮的线条也没有。所有的锂盐都产生一条明亮的红线和一条较暗的橙线。所有锶盐的光谱上，都有一条明亮的蓝线和几条暗红线。

总之，每一种元素都有它特有的谱线。这是由于每一种元素的白热蒸气都能产生一定不变的几种颜色光线，而三棱镜就把这些光线分别折射到它们各自的一定位置上。

当本生用白金丝蘸了几粒混合物（钠、钾、锂、锶盐）送进火焰，火焰染上了明亮的黄色（这是钠的颜色盖过了所有别的物质的颜色）。可是在分光镜里，所有的明亮谱线，条条都在自己的位置上独立地放光。没有一种颜色，能把别的颜色掩盖掉。本生和基尔霍夫已经创造了一种对物质进行化学研究的新方法——光谱分析术。

分光镜这种仪器，灵敏度极高。对于钠，只要重量在1毫克的三百万分之一左右，就足够叫灯焰向分光镜里送黄光了。1毫克的三百万分之一，你想得出是多少吗？假如一杯蒸馏水里，溶解了1克重的盐。你把这杯溶液，倒进一只容量约为5升的小桶里，加满清水，使它稀释。再从这个桶里舀出一杯，倒进一只容量约为50升的大桶里，加满清水，再使它稀释。搅匀以后，从这里取出一小滴来。这一小滴所含的钠盐，就大约是1毫克的三百万分之一。

他们俩利用分光镜找起新元素来。1860年的一天，本生研究杜尔汉矿泉水的时候，发现了几条陌生的浅蓝色谱线。因为怕搞错，本生马上跑去翻阅自己和基尔霍夫所画的那本彩色的光谱图表。可是图表上没有这种记录，任何一种元素也没有这么两条蓝色谱线出现在这个位置上。这就是说，这里有了新元素。本生决定给这种新元素起名叫铯，铯的原意就是"天蓝"的意思。

本生通过一家制造苏打的化工厂，处理了44 000升的矿泉水，但只提出了纯净的铯盐7克，在提取的过程中，还发现了另外一种元素叫作铷。铷的原意是"暗红"的意思，因为铷的谱线中有着几条是暗红线的。

铷

人们在进一步研究光谱技术的过程中，又发现了铊、铟、氦等新元素。

知识点

钾　盐

钾盐，矿物名称，成分为KCl，常含溴、铷、锂和铯，等轴晶系，晶体呈立方体，常为致密块状集合体，无色透明或乳白色，有玻璃光泽。硬度$1.5 \sim 2$，密度$1.97 \sim 1.99$。解理完全，易溶于水，味咸而苦涩。

钾盐矿床包括可溶性含钾矿物和卤水，是含钾水体经过蒸发浓缩、沉积形成。可溶性固体钾盐矿床（如钾石盐、光卤石、杂卤石等）和含钾卤水。

钾盐矿主要用于制造钾肥。主要产品有氯化钾和硫酸钾，是农业不可缺少的三大肥料之一，只有少量产品作为化工原料，应用在工业方面。

目前，我国已查明钾盐资源储量不大，尚难满足农业对钾肥的需求。因此，钾盐矿被国家列入急缺矿种之一。

延伸阅读

铷 发 电

铷原子的最外层电子很不稳定,很容易被激发放射出来。利用铷原子的这个特点,科学家们设计出了磁流体发电和热电发电两种全新的发电方式。

磁流体发电是使加热到 2 000 ℃ ~ 3 000 ℃ 高温的具有导电能力的气体,以每秒 600 ~ 1 500 米的速度通过磁极,凭借电磁感应而发出电来。

热电发电是从加热一头的电极发出电子,而由另一头的电极接受,在两个电极之间接上导线,就会有电流不断产生和通过。

这样的发电方式多么简单,多么直截了当!热能直接变成电能,省掉了水力和火力发电时的机械转动部分,从而大大提高了能量的利用率。

当然,为获得磁流体发电所需要的高温高速的导电性气体也好,为进一步提高热电发电的电子流速度也好,都少不了要用到最容易发射电子、也就是最容易变成离子的金属铷。

铷在这方面的广泛应用,一定会给发电技术和能量利用带来一场新的重大的技术革命。

最先发现铝的化学家

铝的发现和大量工业制造,距今才有 100 多年的时间,它一向被称为"年轻的金属"。

法国化学家司太尔最先觉察到明矾里含有一种与普通金属迥然不同的物质,但未细加研究。由他的学生法国化学家马格拉夫继续研究,加以证实。

1825 年,丹麦物理化学家厄斯泰德把氯气通过烧红的木炭和铝土的混合物,得到了氯化铝的液体。然后与钾汞齐加热,产生氯化钾和铝汞齐。最后隔绝空气,提出汞,得到光泽颜色与锡相似的金属。

厄斯泰德的实验结果,由于发表在一种不著名的丹麦刊物上,未引起科学界人士的注意。所以一般化学史常把德国的孚勒称为最先分离铝的化学家。

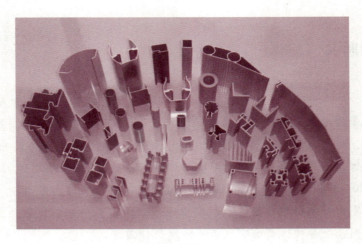

铝制品

1827年,孚勒用热的碳酸钾溶液与沸腾的明矾溶液作用,得到氢氧化铝。经过洗涤干燥,混合以木炭粉、糖和油等,调成膏糊,然后置于坩埚中加热,并通入干燥的氯气,得到三氯化铝,再将钾与无水氯化铝放在坩埚中共热,冷却后投入水中,金属铝的灰色粉末就被分离出来。孚勒说过:"他分解铝所用的方法,是以用钾分解无水氯化铝以及铝在水中的稳定性为根据的。"因此孚勒是第一位说出铝的性质的人。到1845年,他终于能将铝粉熔成了块状的金属铝。

最先制造纯净铝的是法国化学家得维尔。1854年,得维尔想用铝及三氯化铝试制低级的氯化铝,结果虽不成功,却得到了美丽而有金属光泽的铝球。于是他就马上研究铝在工业上有利的制造方法。

铝土矿

得维尔将矿石中提出的铝土,与木炭和盐混合加热,通以氯气,就得钠及铝的双氯化合物;再将此种盐类用过量的钠溶解,就得到成锭的金属铝。

得维尔虽然使铝变成工业产品,铝仍然被认为是一种稀罕的贵金属。因为用昂贵的钠来做还原剂，生产的铝的价格比黄金还要贵几倍，所以曾被列为"稀有金属"之一。

1888年，美国俄柏林学院的学生豪尔发现了电解制铝法以后，制铝工业才迅速发展，并使铝的价格一落千丈，铝成了用途很广的金属。

明 矾

十二水合硫酸铝钾，又称明矾、白矾、钾矾、钾铝矾、钾明矾，是含有结晶水的硫酸钾和硫酸铝的复盐，无色立方晶体，外表常呈八面体，或与立方体、菱形十二面体形成聚形，有时附于容器壁上而形似六方板状，属于α型明矾类复盐，有玻璃光泽。密度 $1.757g/cm^3$，熔点 $92.5℃$。$64.5℃$时失去9分子结晶水，$200℃$时失去12分子结晶水，溶于水，不溶于乙醇。明矾味酸涩，性寒，有毒。故有抗菌作用、收敛作用等，可用作中药。明矾还可用于制备铝盐、发酵粉、油漆、鞣料、澄清剂、媒染剂、造纸、防水剂等。

氯化铝的性质

氯化铝极易水解，遇水反应放热，放出有毒的腐蚀性气体（氯化氢）。

它的蒸气是缔合的双分子。氯气和加热的金属铝反应即得无水氯化铝，溶于许多有机溶剂。在空气中极易吸收水分而产生烟雾。水溶液呈酸性。水溶液中析出的晶体是六水合物而不能得到无水氯化铝，因为进一步蒸干会导致铝离子完全水解，因此后者只能通过铝和氯气直接反应获得。无水氯化铝在石油工业中及某些有机合成反应中用作催化剂。

氯化铝的价键性质：铝分子中存在桥键，和乙硼烷的结构相似（$AlCl_3$的分子式其实是 Al_2Cl_6），这样可以让 Al 达到8电子稳定结构。但 Al_2Cl_6 可以和路易斯碱作用，例如 $Al_2Cl_6 + 2Cl^- \rightleftharpoons 2[AlCl_4]^-$。产物相当于 $AlCl_3$ 单体和路易斯碱的加合物，因此氯化铝仍然是一种非常好的路易斯酸（路易斯酸性较强），利用其性质常用来做有机反应的催化剂。

需要注意的一点是，虽然氯化铝是由金属原子和非金属原子化合而成，但氯化铝（$AlCl_3$）并不属于离子化合物，而属于共价化合物。这是中学化学中一个典型的由金属元素和活泼非金属元素组成的共价化合物。

最先发现氦的化学家

氦是由法国天文学家詹孙首先发现的。1868年，当他赴印度观察太阳的全食，应用光谱分析法研究太阳外围气层的光谱时，发现了一条新的黄色谱线。要想在实验室中查验，又苦于无法使之再现。后来经英国的天文学家洛克耶的研究，发现这条新的谱线并不属于任何已知的元素，于是将这种元素定名为氦。

氦的原意是太阳的意思，因为当时人们认为氦是一个假设的元素，只有太阳里存在。地球上氦的发现，物理学家、化学家，甚至地质学家都参加了它的"接生"工作，过程非常复杂与曲折。

先是英国物理学家雷利，为了要检验一种古老的科学假说，在称量氢、氧、氮等气体的重量的过程中，他只想尽量精确地知道每种气体一升有多重，此外什么也没想到。他发现从空气中得来的氮，每升重1.257 2克，而从氨、笑气、一氧化氮等氮的化合物中得来的氮，虽然都是氮，每升却重1.256 0克，总比前数轻千分之一。接着，雷利和另一位科学家拉姆塞重做了卡文迪

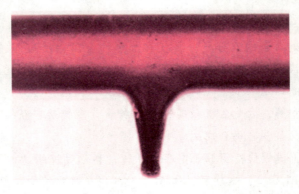

氩

许的实验,通过放电从空气中除去氧和氮,结果在残余的气体中,终于把较重的成分找了出来——氩。

拉姆塞开始研究氩的性质,查出它对一切都极"冷淡",乃是一种非常"消极"的物质。他做这个研究时,心里也没有想到什么太阳物质。当地质学家麦尔斯告诉他去考查稀有的钇铀矿时,拉姆塞只希望能从这种矿物里,找到氩的第一种化合物,此外他还是什么也没想。

他从钇铀矿中提出了一种气体。这种气体,美国地质学家希勒布兰德在5年前用硫酸处理一种铀矿时曾经制得过,认为它是氮气。现在拉姆塞却查出它不是氮,也不是氩。至于它到底是什么,他也没有马上想出来。

当这种气体到了物理学家克鲁克斯手里,才首先认出这种气体正是27年前天文学家从太阳上查出的那种元素——氦。

后来,人们在大气中、水中,以至陨石和宇宙线中也发现了氦。

光　谱

光谱是复色光经过色散系统(如棱镜、光栅)分光后,被色散开的单色光按波长(或频率)大小而依次排列的图案,全称为光学频谱。光谱中最大的一部分可见光谱是电磁波谱中人眼可见的一部分,在这个波长范围内的电磁辐射被称作可见光。光谱并没有包含人类大脑视觉所能区别的所有颜色,譬如褐色和粉红色。

氦的同位素

现在已知的氦同位素有8种,包括^{3}氦、^{4}氦、^{5}氦、^{6}氦、^{8}氦等,但只有^{3}氦和^{4}氦是稳定的,其余的均带有放射性。在自然界中,氦同位素中以^{4}氦占最多,多是从其他放射性物质的α衰变,放出^{4}氦原子核而来。而在地球上,^{3}氦的含量极少,它们均是由超重氢(氚)的β衰变所产生。

第一个获诺贝尔奖的人

范特霍夫,1852年出生在荷兰鹿特丹一个著名医生家中,生活比较富有。范特霍夫上中学时最感兴趣的课程是化学,他自己看了许多化学书。每当上化学实验课时,他都认真听老师讲解,认真做好老师指定的实验。

但是课堂上的实验太少,满足不了他的要求。怎么才能自己自由地做实验呢?于是在一个星期天,他一个人偷偷地翻过学校的院墙,从化学实验室地下室的窗子钻入,沿着楼梯进到实验室,打开玻璃柜,拿出酒精灯、蒸馏瓶、铁架台等化学仪器做起了实验。

突然,门被打开,化学老师霍克维尔夫先生走了进来,生气地问他怎么进来的,做的是什么实验。范特霍夫红着脸结结巴巴地做了回答。"真是胡闹,尽管你实验做得很准确,但是你触犯了学校的规矩,校长要是知道会开除你的!"于是,老师把范特霍夫领到他父亲那里,范特霍夫的父亲指出,应当做一个品格高尚的人,即便是为了对知识的渴求也不能像小偷一样去违犯学校的规矩。

为了满足孩子做实验的要求,他父亲用一间旧房子为他改成简易实验室。范特霍夫中学毕业后想学习化学,可是他父亲希望他成为一名工程师,范特霍夫不想让使父亲伤心,便考入德尔夫特工学院学习数学。

尽管他主修数学,但最感兴趣的还是化学,他把哲学家孔德的一段话奉为经典——"从方法论上看,详尽地了解数学,对化学家理解化学本身将会起决定的作用。"范特霍夫认为,孔德的话是绝对正确的。因此他努力学习数学,这对他以后成为物理化学家是至关重要的。范特霍夫在工学院两年就修完了全部课程,提前毕业了。但他认为,只有一张大学毕业文凭还不足以搞科学研究,1872年他又考入莱顿大学攻读博士学位。1874年,范特霍夫通过了论文答辩,从而获得了数学博士和自然哲学博士的学位。

由于范特霍夫精通数学,又积累了丰富的化学实验资料,使他在物理化学上取得了重大突破,他对化学反应速度、渗透压、化学平衡、稀溶液的规律的研究超过了同时代的化学家。他写成一部专著《化学动力学概论》,

这部书后来成了物理化学的经典,并受到瑞典物理化学大师阿累尼乌斯的高度评价。阿累尼乌斯在《北欧评论》中著文指出:"范特霍夫的著作具有划时代的意义,它对今后化学上一系列主要问题的发展将起到决定性影响。"

作为杰出的物理化学家,范特霍夫在国外已经很出名了,但是国内的当权派却不怎么重视他。这时莱比锡大学向他发了聘书,聘请他担任莱比锡大学物理化学教授,而且待遇十分优厚。范特霍夫非常热爱他的祖国和家乡,他不愿离开荷兰,但他对当局迟迟不给阿姆斯特丹大学建造实验室和教室及对教师的不公正待遇感到非常气愤,他忍痛决定去莱比锡。

在他离开之前,各大学教授联合给阿姆斯特丹大学校长和教育部写信说:"在我国,像范特霍夫这样的人才是很少的,我们希望你们想尽一切办法把他留在我们这里!"迫于各界的压力,最后政府决定给阿姆斯特丹大学一笔费用,用以修建化学研究所大楼和实验室。范特霍夫刚刚到达莱比锡便收到教授们联合从阿姆斯特丹拍来的电报,他收到电报后,没有到莱比锡大学就职,就立即回国了。当他乘火车到达阿姆斯特丹时,受到大学生们近乎狂热的欢迎。大学生们以范特霍夫为荣,他们感到能与自己最敬爱的教授在一起十分幸福和骄傲。

1901年12月10日,在斯德哥尔摩科学院大礼堂里,聚集了世界第一流的科学家,范特霍夫向到会者介绍了化学溶液理论。鉴于他对化学所做的贡献,他获得了诺贝尔奖中第一个化学奖。

知识点

渗透压

将溶液和水置于U形管中,在U形管中间安置一个半透膜,以隔开水和溶液,可以见到水通过半透膜往溶液一端跑,假设在溶液端施加压强,而此压强可刚好阻止水的渗透,则称此压强为渗透压,渗透压的大小和溶液的物质的量浓度、溶液温度和溶质解离度相关,因此有时若得知渗透压的大小和其他条件,可以反推出溶质分子的分子量。

延伸阅读

学 位

学位，是标志被授予者的受教育程度和学术水平达到规定标准的学术称号。经在高等学校或科学研究部门学习和研究，考试合格后，由有关部门授予国家和社会承认的专业知识学习资历。起源于欧洲中世纪。专业技术人员拥有何种学位，表明他具有何种学术水平或专业知识学习资历，象征着一定的身份。

镭的"母亲"居里夫人

玛丽·居里，1867年出生于波兰，因当时波兰被占领，转入法国国籍。是法国的物理学家、化学家，研究放射性现象，发现镭和钋两种天然放射性元素，被人称为"镭的母亲"。

居里夫人（1867—1934）和她的丈夫法国物理学家居里（1859—1906），于1898年在沥青铀矿中发现两种新的放射性元素——钋和镭。他们经过4年的精心研究和艰苦努力，才从7吨矿石中提取了1克的镭。钋和镭的放射性都比铀强得多，而镭是放射性最强的元素，它比铀的放射性要强几百万倍。镭的化合物放射能力的强弱，只和其中含有的镭有关，而与镭和何种元素化合完全无关。镭射线具有极大的能量，它能使很多化合物如水、氯化氢等分解，并能破坏器官组织和杀灭细

居里夫妇

菌等。

经过研究，镭所放出的射线并不止一种。如果把镭的化合物放入上部有小孔的铅盒内，则从小孔放出一束狭窄的射线。这束射线在外界电场或磁场的影响下便分成三种射线。其中向负极偏折的叫作α-射线，向正极偏折的叫作β-射线，不受偏折的叫作γ-射线。α射线是带有正电荷的粒子流，其速度约为20 000千米/秒（约等于光速的1/15），并具有穿透物质的能力。经测定，每个α-粒子带有两个单位正电荷，质量等于4，它实际上就是带有两个单位正电荷的氦原子。

α-射线和阴极射线相似，也是带有一个单位负电荷的粒子——电子流。不过β-粒子的速度几乎等于光速，而阴极射线的速度才有光速的一半。β-射线对物质的穿透力约比α-射线大100倍。

γ-射线和上述两种射线不同，它不是由微粒构成的。它类似普通光线，是一种电磁波，不过波长特别短，比可见光的波长约小几十万倍。γ-射线对物质的穿透力比β-射线更强，能穿透厚达30厘米的铁板。

镭石粉

从多次实验证明，镭除了放射α-射线、β-射线和γ-射线外，同时还析出一种新的放射性元素，起初称为镭射气，后来得知它是一种稀有气体，定名为氡。从氡的原子量为222，而镭的原子量为226，氦原子量为4可知，由于镭的放射，结果使它本身原子分裂成氦原子和氡原子。也就是镭在放射过程中，不断裂变为两种新元素——氦和氡。氡也能放出射线，再转变为其他种元素。由于放射性现象的发现和对它进行研究的成果，直接地揭开了原子的秘密，为科学深入到原子内部的研究提供了线索，起着启蒙作用。

国　籍

国籍是指一个人属于某一个国家的国民或公民的法律资格,表明一个人同一个特定国家间的固定的法律联系,是国家行使属人管辖权和外交保护权的法律顾问依据。

钋的毒性

钋的主要危害是其强烈的放射性,钋主要放射α粒子。1克钋能造成2 000万人中的1 000万人死亡。

但是实际毒性没有这么大,因为放射性是在30～50天内持续的,所以瞬时接触的话,半致死剂量估计值为0.089微克(2000万人半致死量约为1.78克),但这仍然是个很小的数值。

α粒子是带正电的高能粒子(He原子),它在穿过介质后迅速失去能量。它们通常由一些重原子(例如铀、镭)或一些人造核素衰变时产生。α粒子在介质中运行,迅速失去能量,不能穿透很远。但是,穿入组织(即使是不能深入)也能引起组织的损伤。α粒子通常被人体外层坏死肌肤完全吸收,α粒子释放出的放射性同位素在人体外部不构成危险。然而,它们一旦被吸入或注入人体,那将是十分危险的。α粒子能被一张薄纸阻挡。

斯凡特·阿累尼乌斯

斯凡特·奥古斯特·阿累尼乌斯,瑞典化学家。提出了电解质在水溶液中电离的阿累尼乌斯理论,研究了温度对化学反应速率的影响,得出阿累尼乌斯方程。由于在物理化学方面的杰出贡献，1903 年被授予诺贝尔化学奖。

阿累尼乌斯出生于瑞典乌普萨拉附近的威克，从小就喜欢数学，8 岁进入教会学校，充分表现出在数学和物理上的天赋。1876 年从学校毕业，进入乌普萨拉大学。在大学中，阿累尼乌斯对于当时的物理和化学教学不满。1881 年他进入斯德哥尔摩的瑞典科学院物理研究所工作，主要方向是电解质的导电性。

在这一阶段，阿累尼乌斯进行了大量实验和理论思考，于 1884 年向乌普萨拉大学提交了 150 页的博士毕业论文，其中基本提出了阿累尼乌斯理论，很多概念至今仍在沿用，这些工作后来也为他获得了诺贝尔化学奖。但当时负责评审的教授只给了他勉强通过的分数。阿累尼乌斯将文章寄给了当时物理化学研究的领袖人物，如伦道夫·克劳修斯、威廉·奥斯特瓦尔德与雅格布斯·范特霍夫，得到很高评价。

随后，阿累尼乌斯得到了一笔旅行资金，使得他可以到奥斯特瓦尔德、玻尔兹曼以及范特霍夫研究组进

阿累尼乌斯

行短期研究。通过与这些科学家的交流，阿累尼乌斯开始对化学反应速率问题进行研究。他通过提出了活化能概念对化学反应常常需要吸热才能发生这一现象给出了解释，并给出了描述温度、活化能与反应速率常数关系的阿累尼乌斯方程。

1891 年他回到瑞典，在皇家理工学院工作。1903 年被授予诺贝尔化学奖。1905 年诺贝尔物理研究所建立，阿累尼乌斯一直担任所长到 1927 年退休。这一阶段他主要从事天体物理研究。1927 年因肠炎去世，葬于乌普萨拉。

导电体

导电体是容易导电的物体，即是能够让电流通过材料；不容易导电的物体叫绝缘体。（并不是能导电的物体叫导体，不能导电的物体叫绝缘体，这是一般人常犯的错误）金属导体里面有自由运动的电子，导电的原因是自由电子，半导体随温度升高而电阻率逐渐变小，导电性能大大提高，导电原因是半导体内的空穴和电子对。在科学及工程上常用欧姆来定义某一材料的导电程度。

影响化学反应速率的条件

对于有气体参与的化学反应，其他条件不变时（除体积），增大压强，即体积减小，反应物浓度增大，单位体积内活化分子数增多，单位时间内有效碰撞次数增多，反应速率加快；反之则减小。若体积不变，加压（加入不参加此化学反应的气体）反应速率就不变。因为浓度不变，单位体积内活化分子数就不变。但在体积不变的情况下，加入反应物，同样是加压，增加反应物浓度，速率也会增加。若体积可变，恒压（加入不参加此化学反应的气体）反应速率就减小。因为体积增大，反应物的物质的量不变，反应物的浓度减小，单位体积内活化分子数就减小。

地球化学家戈尔德·施密特

戈尔德·施密特，挪威地球化学家、晶体化学家和矿物学家，地球化学奠基人之一。1888年1月27日生于瑞士的苏黎世，1947年3月20日卒于挪威的奥斯陆。1905年入挪威国籍。1908年于克里斯蒂安尼亚（现奥斯陆）大学毕业，1911年获博士学位。曾任克里斯蒂安尼亚大学教授兼矿物研究所所长、国家矿物原料委员会主席，德国哥廷根大学矿物岩石研究所所长。1924年当选为苏联科学院通讯院士。

1911年戈尔德·施密特首次提出矿物相律。1926年最先推导出80多种离子的半径，并于1927年提出晶体化学第一定律。他将晶体化学原理和方法应用于地球化学研究，探讨化学元素在地球中分布的控制规律，把地球化学向前推进了一大步。他提出了元素地球化学分类。他根据化学组成，提出了地球内部分圈的假说，认为从地表至地心依次为岩石圈、硫化物氧化物圈、铁镍核心，至今为许多学者所赞同。戈尔德·施密特对许多稀有贵重分散元素的地球化学行为进行了研究，对陨石进行了大量的分析，提出了陨石的平均化学组成。对地球化学元素的丰度进行了研究，提出了地壳主要元素的丰度表，并于1937年首次绘制出太阳系的元素丰度曲线。主要著作有《元素的地球化学分布规则1~9》（1923—1938）和《地球化学》（1954）等。

地球化学研究内容主要包括：①研究地球和地质体中元素及其同位素的组成，定量测定元素及其同位素在地球各个部分（如水圈、气圈、生物圈、岩石圈）和地质体中的分布；②研究地球表面和内部及某些天体中进行的化学作用，揭示元素及其同位素的迁移、富集和分散规律；③研究地球乃至天体的化学演化，即研究地球各个部分，如大气圈、水圈、地壳、地幔、地核中和各种岩类以及各种地质体中化学元素的平衡、旋回，在时间和空间上的变化规律。

陨　石

地球化学研究方法主要有：相关书籍综合地质学、化学和物理学等的基本研究方法和技术形成的一套较为完整和系统的地球化学研究方法。包括：

野外地质观察、采样；天然样品的元素、同位素组成分析和存在状态研究；元素迁移、富集地球化学过程的实验模拟等。在思维方法上，对大量自然现象的观察资料和岩石、矿物中元素含量分析数据的综合整理，广泛采用归纳法，得出规律，建立各种模型，用文字或图表来表达，称为模式原则。随着研究资料的积累和地球化学基础理论的成熟和完善，特别是地球化学过程实验模拟方法的建立，地球化学研究方法由定性转入定量化、参数化，大大加深了对自然作用机制的理解。现代地球化学广泛引入精密科学的理论和思维方法研究自然地质现象，如量子力学、化学热力学、化学动力学、核子物理学等，以及电子计算技术的应用使地球化学提高了推断能力和预测水平。在此基础上编制了一系列的地质和成矿作用的多元多维相图，建立了许多代表性矿床类型成矿作用的定量模型和勘查找矿的计算机评价和预测方法。

知识点

离子

离子是指原子由于自身或外界的作用而失去或得到一个或几个电子使其达到最外层电子数为8个或2个的稳定结构。这一过程称为电离。电离过程所需或放出的能量称为电离能。与分子、原子一样，离子也是构成物质的基本粒子。

延伸阅读

水循环

地球表面的水是十分活跃的。海洋蒸发的水汽进入大气圈，经气流输送到大陆、凝结后降落到地面，部分被生物吸收，部分下渗为地下水，部分成为地表径流。地表径流和地下径流大部分回归海洋。水在循环过程中不断释放或吸收热能，调节着地球上各层圈的能量，还不断地塑造着地表的形态。

水圈中的地表水大部分在河流、湖泊和土壤中进行重新分配，除了回归于海洋的部分外，有一部分比较长久地储存于内陆湖泊和形成冰川。这部分水量交换极其缓慢，周期要几十年甚至千年以上。从这些水体的增减变化，可以估计出海陆间水热交换的强弱。大气圈中的水分参与水圈的循环，交换速度较快，周期仅几天。由于水分循环，使地球上发生复杂的天气变化。海洋和大气的水量交换，导致热量与能量频繁交换，交换过程对各地天气变化影响极大。目前，各国极其关注海—气相互关系的研究。生物圈中的生物受洪、涝、干旱影响很大，生物的种群分布和聚落形成也与水的时空分布有极密切的关系。生物群落随水的丰缺而不断交替、繁殖和死亡。大量植物的蒸腾作用也促进了水分的循环。水在大气圈、生物圈和岩石圈之间相互置换，关系极其密切，它们组成了地球上各种形式的物质交换系统，形成千姿百态的地理环境。

最伟大的化学家鲍林

莱纳斯·鲍林1901年出生于美国，他是20世纪最伟大的化学家，他曾两次获得诺贝尔奖，为结构化学理论做出了杰出的贡献。

鲍林的工作方式与众不同，他常常大胆地提出设想，如在研究硅酸盐的结构时，他提出了化学键距、键角和分子耦合力矩的概念，这些正是结构化学的要素。鲍林正是从这些要素入手，应用量子力学在杂化轨道的基础上建立了结构理论。杂化轨道可用于预测分子的化学特性及化学价，并为后来进入化学领域的研究人员提供了一种研究方法，也为原子和分子浩繁纷杂的物理和化学特征理出了头绪。

鲍　林

鲍林1939年出版了《化学键本质》一书，这本书在化学领域引起的反响是任何其他书所不能比拟的。他提出了以物理原则为基础来阐述化学的研究方法，并且让人们意识到三维方式思考化学问题的重要性。由于这些贡献，鲍林于1954年获诺贝尔化学奖。

鲍林在1940年和德国生物学家一起发展了抗体——抗原反应中分子互补性概念。他们认为，这种大分子间的相互作用很可能是遗传物质分子基础中的关键部分，为研究DNA结构提供了不可缺少的指导性作用。他还发现酶的活动是双向的，指出酶的作用就是降低生物转化过程中的活化能。1962年鲍林又与人合作，研究了不同的动物血红蛋白排列顺序有差异，并将这些差异与导致动物分枝进化的进化期联系起来，为人们推测动物进化时间提供了理论依据，并因这一原理开创了分子进化学。第二次世界大战出现了核武器后，他认为辐射对基因组有害，即使辐射剂量很小也会对人体造成损害，因此他为实现停止核试验的目标进行了不懈的努力。为此他获得了1962年诺贝尔和平奖。20世纪70年代，鲍林的研究转向抗老剂（如维生素E、维生素C），他凭分析和直觉得出这样的结论，即如果我们补充这些维生素的话，会变得更加健康。虽然抗老剂的一般作用和维生素的特定作用的争论一直没有停止过，但许多分析结果都支持了鲍林的结论。

鲍林1994年8月19日以93岁高龄谢世，他除了荣获4次诺贝尔奖外，还荣获各种组织颁发的50多项奖励，各大学授予他的荣誉学位也有30多个。爱因斯坦曾高度评价鲍林说："此人是真正的天才。"鲍林曾于1973年9月和1981年6月两次来华进行讲学和访问，受到我国科学工作者的欢迎和敬佩。

硅酸盐

所谓硅酸盐指的是硅、氧与其他化学元素（主要是铝、铁、钙、镁、钾、钠等）结合而成的化合物的总称。它在地壳中分布极广，是构成多数岩石（如花岗岩）和土壤的主要成分。

电负性

鲍林在研究化学键键能的过程中发现，对于同核双原子分子，化学键的键能会随着原子序数的变化而发生变化，为了半定量或定性描述各种化学键的键能及其变化趋势，鲍林于1932年首先提出了用以描述原子核对电子吸引能力的电负性概念，并且提出了定量衡量原子电负性的计算公式。电负性这一概念简单、直观，物理意义明确并且不失准确性，至今仍获得广泛应用，是描述元素化学性质的重要指标之一。

物质构成的化学　WUZHI GOUCHENG DE HUAXUE

科学有趣的化学故事

　　化学，通常人们会认为是枯燥的，深奥的。的确，化学确实有其难懂的一面，但任何事物都存在两面性，化学也有其有趣、可爱的一面。

　　许多新元素的诞生，新化合物的发现，甚至化学家工作中的一个小失误，都隐藏着许多有趣的故事，这些有趣的经历和趣谈给化学增加了一点可爱的色彩。同时，也会让人觉得化学不是那么生涩、难懂的学科。

　　碘的发现，味精的发现，糖精的发现，都充满了趣味性。这些化学物质发现的有趣经历，除了叫人忍俊不禁之外，还加深了人们对化学的认识。

会变色的紫罗兰

　　波义耳正准备进行晨间例行检查时，一个园丁走进书房，把一篮子美丽的深紫色紫罗兰花放在桌子上。波义耳欣赏着紫罗兰的娇艳和芬芳，他用鼻子嗅了嗅，摘下一朵向实验室走去。

　　"怎么样，威廉，有没有什么新鲜的玩意儿？"

　　"目前还没有，但昨天我们搞了两瓶盐酸。"威廉兴奋地说。

　　"我想看看，请往烧瓶上倒一些。"波义耳把紫罗兰放在桌上，帮威廉倒

科学有趣的化学故事

盐酸，一股刺激性气味扑面而来，蒸气散发到桌子周围，烧瓶里的淡黄色液体还在一股一股地冒烟。

"好极了，你上楼来，咱们讨论一下明天的工作。"波义耳捡起桌上的紫罗兰回书房去了。突然，他发现紫罗兰在微微冒烟，真可惜，酸液溅到了花上。他马上把花放进水杯里，自己则坐在窗前看起书来。过了一会儿，他去把花取出来，这时奇迹发生了。波义耳惊讶不已：这紫色紫罗兰竟变成红色的了。这一偶然的事件启发了科学家的思维。他拿起花篮，直奔实验室。

"威廉，快多拿几个玻璃杯，把各种酸倒一点，还有水。"

年轻的助手在导师的指导下，把各种酸加水稀释后盛在不同的杯子里，然后把紫罗兰分成小把放进去。

这时候杯子里的紫罗兰由深紫色变成淡红色，还在发生变化，变成红色。

"原来，不仅仅是盐酸，其他的酸也可以将紫罗兰变成红色，这很重要，也就是说，我们可以确定一种未知溶液是否含酸性，那就可用紫罗兰花瓣。"波义耳激动万分，科学发现的奇迹确实令人难以相信，因为这一切都是那么偶然。

不畏疲劳的科学家不断地从紫罗兰、玫瑰花、药草、地衣等制取

紫罗兰

各种浸液，有的在酸的作用下变色，有的在碱的作用下变色。最有意思的是，他们还发现一种叫作石蕊地衣的紫色浸液，遇酸变成红色，遇碱变成蓝色。波义耳用这种浸液把纸浸透，再把纸烤干，把纸片放进被检验的溶液中，纸变色，就能证明该溶液是酸性还是碱性。波义耳把这种物质命名为指示剂。

今天，当我们在化学实验中广泛地使用酸碱指示剂、使用"pH试纸"的时候，是否会想起天才的波义耳呢？是的，科学发现往往在一瞬间发生，

一个偶然事件往往成为启发科学家的引线，但真正的发明创造却是以长期实验和思考为基础的，灵感和天才来源于一次又一次艰辛的劳动！

紫罗兰

紫罗兰又名草桂花，原产欧洲南部，此花喜冷凉的气候，忌燥热。喜通风良好的环境，冬季喜温和气候，但也能耐短暂的 -5℃的低温。花芽分化的适宜温度为15℃，对土壤要求不严，但在排水良好、中性偏碱的土壤中生长较好，忌酸性土壤。紫罗兰耐寒不耐阴，怕渍水，适生于位置较高，接触阳光，通风、排水良好的环境中。切忌闷热，在梅雨天气、炎热而通风不良时则易受病虫危害。

指示剂的用量

双色指示剂的变色范围不受其用量的影响，但因指示剂本身就是酸或碱，指示剂的变色要消耗一定的滴定剂，从而增大测定的误差。对于单色指示剂而言，用量过多，会使变色范围向 pH 值减小的方向发生移动，也会增大滴定的误差。

指示剂用量过多，还会影响变色的敏锐性。例如：以甲基橙为指示剂，用 HCl 滴定 NaOH 溶液，终点为橙色，若甲基橙用量过多则终点敏锐性就较差。

小猫"发现"了碘

西方的一些化学史研究者们总是很风趣地说：碘是由小猫发现的。果真有这样的事吗？说起来，这里还有一段故事。

18世纪末到19世纪初,由于拿破仑发动战争需要大量的硝酸钾制造火药,使硝酸钾的生产和供应紧俏起来,当时便有许多人开办生产硝酸钾的工厂。住在法国巴黎附近的一位名叫库尔特瓦斯的药剂师也是其中之一。他从海里捞取大量的海藻,把它们烧成灰,用水浸后制成海藻灰溶液,然后和天然硝石(硝酸钠)混合,以制成硝酸钾。

1811年的一天,库尔特瓦斯按照惯例,将海藻灰溶液和硝石混合后进行蒸发。溶液中的水越来越少,白色的氯化钠结晶析出来了,接着硫酸钾也析出来了。此后,只要加入少量硫酸,把某些杂质析出来,就可以得到比较纯净的硝酸钾溶液了。

装有浓硫酸的瓶子,就放在盛有海藻灰溶液的盆子旁边。库尔特瓦斯正在吃饭,这时,他宠爱的一只叫玛丽的猫跳到他的肩上。库尔特瓦斯伸手正要去抱一抱这只淘气可爱的小猫,小猫却猛地跳了下来,它的爪子碰倒了装浓硫酸的瓶子,瓶子里的硫酸不偏不倚地全部流进了盆子里。库尔特瓦斯非常生气,正想惩罚这只惹祸的小猫,眼前却出现了一个十分奇异的现象:一缕缕紫色的蒸气像一朵美丽的云彩从盆里冉冉升起。这些蒸气十分难闻、呛鼻,库尔特瓦斯连忙拿过一块玻璃片放在蒸气上面。

他以为,一定会有许多晶莹的紫色液滴凝聚在玻璃片上。可是出乎意料的是,紫色蒸气遇到冷的物体后,并不凝结成滴滴水珠,而变成了紫黑色闪烁着金属光泽的颗颗晶体。库尔特瓦斯马上被这些从没见过的紫色晶体吸引住了。他一头钻进自己的小实验室,夜以继日地做了很多实验,终于弄明白了,这种紫色气体是海藻中含有的尚未被人们发现的新元素。他请科学界的朋友们鉴定,法国化学家盖·吕萨克命名为"碘"。希腊语中是"紫色"的意思。

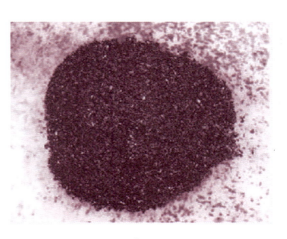

碘

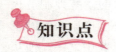

拿破仑

拿破仑·波拿巴（1769—1821），原名拿破仑·布宛纳，人称奇迹创造者。他是法国近代资产阶级军事家、政治家、数学家。法兰西共和国第一执政（1799—1804），法兰西第一帝国皇帝（1804—1814），意大利国王，莱茵联邦保护人，瑞士联邦仲裁者。曾经征服和占领过西欧和中欧的广大领土。拿破仑不是一个矮子，他的身高约1.7米，人们误认为拿破仑是矮子，是因为当时人们错用英制尺寸去计算法制尺寸，法制尺寸比英制的尺寸要长。

碘元素的含量

碘在自然界中的丰度是不大的，但是一切东西都含有碘，不论坚硬的土块还是岩石，甚至最纯净最透明的水晶，都含有相当多的碘原子。海水里含大量的碘，土壤和流水里含的也不少，动植物和人体里含的更多。

自然界中的海藻含碘，智利硝石和石油产区的矿井水中也含碘都较高。工业生产也正是通过向海藻灰或智利硝石的母液加亚硫酸氢钠经还原而生产单质碘的。

查假药查出新元素

1817年，德国许多药房出售的氧化锌，都被政府药业检查官证明是用碳酸锌冒充的假药！这种冒牌的"氧化锌"经煅烧后都显黄色，有毒。政府严令予以没收销毁。

受摄政当局委派的药商视察专员，是哥廷根大学化学兼药剂学教授斯特罗迈尔。他检查出假药以后，没有查封销毁了事，而是进一步追究调查。

这种原药，几乎全是由萨尔奇特地方的化学药品制造厂生产的。为了弄清药商们用碳酸锌代替氧化锌的原因，斯特罗迈尔不辞劳苦地前往调查研究。

在萨尔奇特制造碳酸锌的化学厂，斯特罗迈尔仔细地视察了车间的各个生产环节。当他对该厂生产、出售碳酸锌表示气愤、对用碳酸锌代替氧化锌感到惊奇时，该厂负责人说："我们生产用的碳酸锌一经烧至红热时，即出现黄色，我们也怀疑是否含有铁或铅等杂质，但是生产前我们已经除去了铁和铅，而且在成品检查中也没发现铁和铅。"

生产氧化锌一般都是以菱锌矿做原料，将其提纯后，制成碳酸锌，再将碳酸锌灼烧后生成氧化锌。碳酸锌和氧化锌都是白色的，为什么由萨尔奇特生产的碳酸锌加热后，却出现黄色？这一奇怪的现象引起了斯特罗迈尔的兴趣。他从药厂带回碳酸锌的样品，仔细地加以研究。他想到，这种颜色的差异是否意味着有某种特别的金属氧化物或硫化物存在呢？他决心寻找这种新的金属。

斯特罗迈尔将不纯的氧化锌溶于硫酸中，通入硫化氢气体，即有混合的硫化物沉淀出来，将沉淀物滤出，充分洗涤后，溶于浓盐酸中，然后蒸发至干，以除去多余的酸。蒸发后所得的残渣再用水溶解，加入过量的碳酸氢铵，使沉淀物中的硫化锌和硫化铜重新溶解。斯特罗迈尔发现在沉淀物中有一种黄色的硫化物，在过量的碳酸氢铵中并不溶解。斯特罗

菱锌矿

迈尔推断，这可能就是他所要寻找的新元素的硫化物。他用过滤法将这种黄色的硫化物取出来，清洗后灼烧，成为氧化物，这种氧化物呈棕褐色。斯特罗迈尔将它和炭粉混合，放在玻璃曲颈瓶中加热。冷却后，发现瓶底有带光泽的蓝灰色金属。一种新的金属就这样被发现了。

斯特罗迈尔从氧化锌中发现了这一新元素，便以含锌的矿石——菱锌矿

的含义把新元素命名为镉。

菱锌矿

菱锌矿颜色有白、灰、黄、蓝、绿、粉红及褐色等多种，条痕则为白色。成分中的锌，有时会被铁或锰所置换，偶尔也被少量的镁、钙、镉、铜、钴或铅所取代。与多数碳酸盐矿物类似，溶于盐酸，并会产生气泡。在方解石群中，菱锌矿属于硬度较高、密度较大的一种。自然界中含锌矿物以闪锌矿居多，菱锌矿的产量相对要少了许多。它除了可以提炼锌外，呈半透明之绿色或绿蓝色者，亦可作为半宝石饰品之用。

氧化锌的力学性能

氧化锌的硬度约为4.5，是一种相对较软的材料。氧化锌的弹性常数比氮化镓等Ⅲ~Ⅴ族半导体材料要小。氧化锌的热稳定性和热传导性较好，而且沸点高，热膨胀系数低，在陶瓷材料领域有用武之地。

在各种具有四面体结构的半导体材料中，氧化锌有着最高的压电张量。该特性使得氧化锌成为机械电耦合重要的材料之一。

法拉第的有趣实验

化学家法拉第在印刷厂当工人的时候，就坚定了为科学献身的信念。有一次，他碰到了当时著名的化学家戴维。戴维问他："你对什么最感兴趣？"他回答道："化学和物理。我想当一个化学家，我渴望把自己的一生都献给科学。"此后，他当上了戴维的助手，并随其到国外旅行，从事学术活动，走上了科学研究的艰难路程。

一天，法拉第为英国科学史家惠威尔表演了一个有趣的实验。法拉第把一张浸透了碘化钾溶液的纸的两端分别和发电机的两极相连接。他转动发电机上的圆板时，和发电机正极相连的阳极纸面附近，开始出现了棕色的斑点，说明碘离子在电流的作用下变成了碘单质。法拉第把圆板转动得越久，通过碘化钾溶液的电量越大，纸上出现的棕色斑点就越多。

他还设计了"伏特—静电计"，来测定电量。在一个充满某种液体的玻璃瓶中，放上两个装满液体的试管，使电流从液体中通过，则会发现试管中聚集了氢气和氧气，气体收集得越多，说明从液体中通过的电量越大。巧妙的实验说明了电化学的一个基本规律：电极上分解出来的物质的量，与通过液体的电量成正比。

惠威尔被法拉第精彩的实验吸引住了。他不解地问道："你研究的这种电解实验是否有实际意义呢？"法拉第回答道："当然有，在没有弄清这种现象的本质以前，戴维就借助它提取了钾、钠、钙以及其他许多金属。"

法拉第还发现，电解时由相同电量产生的不同电解产物，有固定的"当量"关系。这两条定律后来被称为"法拉第电解定律"。1834年，法拉第在题为《关于电的实验研究》一文中发表了电解定律，并首次明确地给"电解质"、"电极"、"离子"等概念下了定义。

法拉第关于电量与化学变化量之间的定量规律的发现，为电化学的发展打下了基础，是电化学的创始人。

电化学

电化学是研究电和化学反应相互关系的科学。电和化学反应相互作用可通过电池来完成，也可利用高压静电放电来实现（如氧通过无声放电管转变为臭氧），二者统称电化学，后者为电化学的一个分支，称作放电化学。由于放电化学有了专门的名称，因而，电化学往往专门指"电池的科学"。

法拉第的弱项

法拉第虽然是伟大的科学家，但是他也不是全才，他的弱项是没有经过专业训练。

法拉第最早提出光也是一种的电磁波，但由于其数学计算能力的薄弱，一直没有证明，直到后来他的朋友——麦克斯韦初步验证。

麦克斯韦向自己提出了具有决定性意义的问题：如果磁场可以转变为电场，并且反之亦然，那若它们被永远不断地相互转变会发生什么情况？麦克斯韦发现这些电—磁场会制造出一种波，与海洋波十分类似。令他吃惊的是，他计算了这些波的速度，发现那正是光的速度！在1864年发现这一事实后，他预言性地写道："这一速度与光速如此接近，看来我们有充分的理由相信光本身是一种电磁干扰。"

伯爵的钻戒不见了

1813年秋天，英国著名的化学家戴维带着他的学生、助手法拉第在欧洲各地旅行。有一天，他们来到佛罗伦萨城郊，住在托斯卡纳伯爵的别墅里。伯爵对这位著名化学家的光临感到十分高兴。他们很快就在一起热烈地交谈起来了。

那时候，科学家们已经证明了十分珍贵的金刚石是由纯碳构成的，但是仍有许多人对此持怀疑态度，因为他们无论如何不能把熠熠闪光的金刚石和碳联想在一起。这位伯爵也正是一个相当固执的怀疑论者。

他问戴维："有人说金刚石是由纯碳构成的，这个是真的吗？这实在不能叫人相信。"伯爵手上戴着个镶嵌着钻石的戒指。一缕阳光从窗外射进来，钻石在阳光下绚烂夺目。

戴维笑着回答伯爵，金刚石的确是由纯碳构成的。然而却没想到伯爵固执得使人吃惊。虽然戴维长于辩说，但他讲得口干舌燥也无法让伯爵相信他说的是事实。伯爵从手上褪下钻石戒指，递给戴维："请你确证一下这个最好的金刚钻是由碳构成的。你能把它烧着了，我才相信你说的是事实。"

"多糊涂啊，你的金刚钻可是一件相当珍贵的财宝，把它烧了多可惜！"

"别担心，我有的是珍宝。"

"那好，法拉第。"戴维对谦恭地站在一边的法拉第说道，"把放大镜拿来，把燃烧炉点起来，我们用实验给伯爵证实一下。"

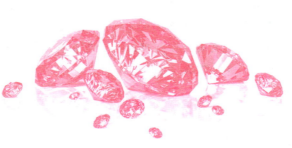

钻　石

一切很快就准备就绪了。法拉第把钻石戒指放在被烈火烧得滚热的小盒子里加热。他紧接着又固定好放大镜，用透镜聚焦的强烈阳光，正好照在这块闪闪发光的金刚钻上。过了一会儿，戒指熔化了，可是金刚钻本身却还没有变化。

伯爵洋洋自得地看着这一切，嘴角还流露出看到自己的判定正确而对反对他的人们的嘲讽。

但是，没过多久，当温度升到足够高时，金刚钻眼看着变小，最后终于全部消失了。伯爵大为惊讶。

"真奇怪！我的金刚钻溜走了。"他懊悔地说道。

"不是溜走了，而是烧光了。"戴维平静地纠正着伯爵所说的话。

伯爵在事实面前终于信服了，他因为自己无知的固执，付出了昂贵的代价。

知识点

碳

碳是一种非金属元素，位于元素周期表的第二周期ⅣA族。拉丁语为 Carbonium，意为"煤、木炭"。汉字"碳"字由木炭的"炭"字加石字旁构成，从"炭"字音。碳是一种很常见的元素，它以多种形式广泛存在于大气和地壳之中。碳单质很早就被人认识和利用，碳的一系列化合物——有机物更是生命的根本。碳是生铁、熟铁和钢的成分之一。碳能在化学上自我结合而形成大量化合物，在生物上和商业上是重要的分子。生物体内大多数分子都含有碳元素。

延伸阅读

切 割

切割是钻石加工中唯一的人为因素。一个熟练的钻石切割师能使一块好的钻矿石光彩夺目，他能使内部的光芒最大程度地反射到钻石表面。切割师要把它切割得如同左右仿佛在照镜子般对称。

一块好的钻矿石可能因为切割师的技术不好而荒废。一颗切割理想的钻石应呈圆形，并且有58条清晰的切割边，它能最大程度地反射光芒。一颗优质的钻石有着很高的价值，反射性强且对称，但切割劣质的钻石可能因为要保留它的最大重量而切割太深或太浅，因而无法使它光彩尽放。抛光技术也将影响钻石的质量，一颗切割完美，对称的钻石可能因为抛光不好而降低价值。

寻找"不锈的金属"

1819年夏天，正在实验室工作的法拉第接待了一位来访者。他叫詹姆斯·斯托达特，是一个切削工具厂的厂主。原来，斯托达特是来请求法拉第帮助他找到一种不会生锈的金属，也就是不锈钢的，因为他的工厂生产的各种工具产品虽然都是用优质钢材制造的，但放置很短的时间就会全部生锈，造成很大损失。于是，经皇家学会武拉斯顿先生的介绍，他来求援于法拉第了。

法拉第听完斯托达特的叙述，知道自己面临着一个重大而吸引人的课题。经过认真的思考后，他答应解决这个难题。

法拉第首先进行了调查研究工作，他先后访问了炼铁专家、技术工匠、厂长等有关人员，然后又查阅了大量的文献资料。这时候，有人向他提供了情况，引起了法拉第的注意。这个人发现从印度弄到的一种坩埚钢，它生锈，但锈蚀得很轻。在大英博物馆里，保存着一些陨石，它们也是铁构成的，但不生锈。

法拉第听了又惊又喜，他想，应当先对印度的坩埚钢和陨石加以分析。显然，它们一定含有使金属能够不生锈的元素。从分析开始，也许是有意义、能够有所突破的。他想方设法地搞到了5年前在肯特坠落下来的两块陨石碎片，又弄到一些印度钢碎片。法拉第立刻开始工作。他把一块陨石拿到车间加工，把它压成细小的碎末。法拉第把一部分碎末放进杯子中，加入硫酸，然后开始加热。碎片渐渐地溶解了，在杯中形成了一种浅绿色的溶液。经过一系列操作，法拉第在实验纪录上写道：陨石经分析，说明其中含铁和镍。此外，他又对印度产的坩埚钢片进行了研究分析。

过了些日子，法拉第把工厂主叫来，让他去找些铁矿石、镍矿石、铬矿石，等等。他说："请你把这个清单拿去，我要的全部都列在上面了。"

东西齐备后，法拉第在英国皇家学院的地下室，修建了一个不太大的炉子，以便能够得到各种不同的铁合金。除了镍合金外，还要研究铂、钯、铑、银、铪、铬的合金。

法拉第闭门谢客，开始熔炼各种合金。研究每种合金的性质，逐个比较鉴别。经过无数次失败，最后终于找到不生锈的钢——镍钢和铬钢。他把镍钢和铬钢放到最易生锈的地方去考验，结果成功了。

斯托达特欣喜若狂，他和法拉第一起到舍菲尔德的工厂里试验，准备大量生产这种具有可贵品质的不锈钢。

遗憾的是，法拉第的这项工作

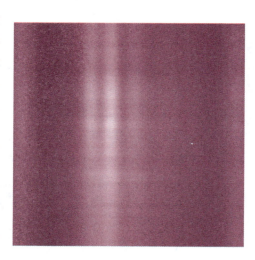

不锈钢钢材

并没使其他人感兴趣。当1823年斯托达特突然死去时，法拉第把几百种钢的样品（包括不锈钢）集中起来，放到皇家学院的地下室里的一个大箱子里，便再也没管过它们了。

经过好多年后，人们才从皇家学院的地下室发现了不锈钢及其材料，进行批量生产，受到了用户的好评。

硫 酸

硫酸，化学式为H_2SO_4。是一种无色无味油状液体，是一种高沸点难挥发的强酸，易溶于水，能以任意比与水混溶。硫酸是基本化学工业中重要产品之一。它不仅作为许多化工产品的原料，而且还广泛地应用于其他的国民经济部门。硫酸是化学六大无机强酸：硫酸、硝酸、盐酸（学名氢氯酸）、氢溴酸、氢碘酸、高氯酸之一，也是所有酸中最常见的强酸之一。

从植物中收获金属

1995年，俄罗斯奥尔登堡大学的生物学家梅格列特在研究一种叫蓼的一年生草本植物时，意外地发现蓼的叶子中含有异常高的锌、铅、镉等金属。这是否表明蓼有从土壤中吸收这些金属的"嗜好"呢？于是他带着这个疑问，在一些被锌、铅、镉之类金属污染过的土地上种了大量的蓼。这些蓼长得非常茂盛，叶子又大又厚，结果在1公顷的土地上，一个季节就收获了大量的蓼。梅格列特将蓼草放入800℃的炉子里烧，草化为灰烬，结果从中得到了1.3千克镉、23千克铅、322千克锌。

科学研究证明，植物在千百万年漫长的进化演变过程中，已经练就了一身非凡绝招，许多植物有累积某些金属元素的能力。如堇菜含锌、香蕉含铜比较丰富、烟草含铀特别多，还有紫云英含硒、苜蓿含钽、石松含锰格外丰富。生长在含黄金特别多的土壤中的玉米或木贼草，烧成灰，每吨竟可以提取到10克黄金。有些植物能累积稀有金属，如铬、镧、钇、铌、钍等，被称为"绿色稀有金属库"。它们对稀有金属的聚集能力要比一般植物高出几十倍、成百倍，甚至上千倍。比如铬，在一般植物中用光谱检测也很难发现，而凤眼兰却能在根上累积铬，其含量可达到0.13%。

这一系列的发现引起了科学家们的极大兴趣，被人们称为"绿色冶金"技术。专家预言如果这一成果取得突破性的进展，人类将有可能通过种植植物来获得所需的金属，同时还可以改善遭受人类破坏的环境。

维勒开的"电"玩笑

弗里德里希·维勒是德国著名的化学家。他第一次研究出了制取金属铝的方法，为化学工业的发展做出了巨大贡献。在维勒很小的时候，他就对化学迷恋到了忘记一切的程度，整天都读化学书本、文章，泡在各种实验里。有时，他还用这些实验来跟家人开开玩笑。

有一次，他从杂志上读到了化学家戴维写的一篇关于制取金属钠、钾的文章，很感兴趣，便决心尝试一下。

他首先想方设法地制得实验所需的电池。由于他的这些实验总遭到他父母的反对，所以维勒不得不把装在木箱中的电池藏到床下去，只露出两个电极。维勒进行了多次实验，想得到钾，但是毫无结果。他又试验在各种器皿中把苛性钾烧熔，然后再长时间地通上电流，但是也没有成功。也许，电流的强度不够？他失望地想着，好在电池一直没有毛病，有一次在维勒又做实验的时候，他的双手不小心碰了一下电池的电极，他立即受到了电流的强烈

钾燃烧

打击。这时,他调皮的脑袋里立刻想到了一个主意,他想跟他的妹妹开个玩笑。

"我要给你看个有趣的东西,你愿意吗?跟我来。"他哄着他正在做作业的妹妹。

"你要答应我,不许弄那些叫人喘不过来气的气体。"妹妹边说边跟他进了他的屋子。

几分钟后,从维勒的房间里传出来吓人的尖叫声,妹妹遭到了电的"打击",十分害怕,她没能伸开手掌放开电极。受到惊吓的女孩大声叫起来了,维勒却为自己的恶作剧哈哈大笑起来。最后,当他切断电路时,妹妹便脸色苍白地趴在床上了,她眼睛里还留着极度恐惧的神色。过了几分钟,女孩才清醒过来,大声叱责哥哥:"你害我,我再也不给你帮忙了,你不是我的哥哥!"

"出了什么事啦?"他妈妈吃惊地问,在听到大声喊叫时,她跑进了儿子的房间。

"没有什么,妈妈。没出什么吓人的事。我只是表演给她看,电有多么奇妙的力量。"

"他想害死我,妈妈。现在我的手还打哆嗦呢,而且胳膊肘特别疼,这些都怪他那讨厌的电池。"妹妹抗议地说道。

"弗里德里希,你真不知害羞。你开始长大了,可还是尽干些蠢事。爸爸绝不会支持你这种行为的。"

父亲果然发了火,但维勒一再向他说明这种现象并不是真那样危险和吓人。

"如果你想证实一下的话,你自己可以试一试啊。"

"这是干什么?"发怒的父亲问道。

"女人胆子太小,"维勒小声地嘟囔着,"我自己曾经试过许多次了。来,你也试试吧。"

父亲不愿在儿子面前失了面子,于是就同意去试试。他上楼来到儿子的房间,年轻的实验家把两条导线的末端递给父亲,然后接通了电池。电立刻紧紧拴住了父亲的手,无论他怎样使劲都伸不开手掌。"弗里德里希,得了。把它停掉!"

这时,维勒知道他的表演又没有得到他父亲的赞赏,因而慌张地取下电极。父亲愤怒地从椅子上跳了起来。抓起电池箱就把它扔到窗外去了。

"你也太不像话了，简直没有头脑。"

维勒没有听到父亲的叫骂，他只是盯着窗外的一堆破烂，眼里充满了泪水……

当然，这位勤奋好学的小实验家最终还是制取出了金属钾，为他以后的发展增添了信心和力量。

电　流

电流，是指电荷的定向移动。电源的电动势形成了电压，继而产生了电场力，在电场力的作用下，处于电场内的电荷发生定向移动，形成了电流。电流的大小称为电流强度（简称电流，符号为 I），是指单位时间内通过导线某一截面的电荷量，每秒通过 1 库仑的电量称为 1 安培（A）。安培是国际单位制中所有电性的基本单位。除了 A，常用的单位有毫安（mA）、微安（μA）。

钾的生理功能

1. 参与糖、蛋白质和能量代谢：糖原合成时，需要钾与之一同进入细胞，糖原分解时，钾又从细胞内释出。蛋白质合成时每克氮约需钾 3 摩尔，分解时，则释出钾。

2. 参与维持细胞内、外液的渗透压和酸碱平衡：钾是细胞内的主要阳离子，所以能维持细胞内液的渗透压。酸中毒时，由于肾脏排钾量减少，以及钾从细胞内向外移，所以血钾往往同时升高，碱中毒时，情况相反。

3. 维持神经肌肉的兴奋性。

4. 维持心肌功能：心肌细胞膜的电位变化主要动力之一是由于钾离子的细胞内、外转移。

李比希与一块荒地

在德国的北部，有一块砂地，一片荒凉，寸草不生。当地人们都认为这里永远也长不出一棵草来，当然更别说会种出粮食来了。但是，著名的化学家李比希来了，他花钱买下了这块地。人们议论纷纷，说李比希花钱买了一块儿无用的地，上当啦，但更多的人都好奇地等着看这位著名的化学家要在这块地上做些什么。

那时候的欧洲，不像东方的中国、印度、日本等国，为增强地力，大量使用人畜粪或草木堆肥，因而也不可能使用东方人的传统施肥方法，所以欧洲土地存在着严重的肥源不足问题。本来可耕的土地就不足，缺肥又不得不荒废部分土地，这样，吃粮就成了极为严重的问题。因此，到了19世纪，在农业上，如何恢复土地的肥力，改良土壤，合理施肥，就成了科学家们大力进行研究的课题。这一情况，在德国也是如此。

李比希买下那块"无用"的砂地后，又购买了大量的钾石盐（主要成分是KCl），还请了许多工人，把钾石盐和碳酸钠混合后熔融，再把熔融后的产物冷却，研碎，作为肥料混拌在砂土中，接着，李比希就在这里种上了粮食，结果，这片被人们视为无用的土地长出了茂盛的大麦、黑麦和土豆……这情景，让人们赞叹不已，纷纷来问李比希奥秘何在？

李比希经过长期的实践研究发现：植物最需要的元素之一是钾。后来，他又确定了磷肥对增加土壤肥力有着特别重大的意义。他还确定骨灰是给土壤提供磷素的最理想的来源。这就是李比希的奥秘所在。

李比希

李比希正确地理解了什么是肥料。他认为,作为植物的养分,可以不使用腐烂的动植物为肥料。只要使供给的植物养分中具有碳、硝、磷、钾、铁、水、氧化铁等无机物成分,并使植物吸收,就解决了土地的肥力。

1842年,英国的劳司和基尔巴特分头证实了腐烂的动植物的主要成分是氮肥。这样,人们就发现可用于增产的肥料主要有氮肥、磷肥、钾肥三种。

今天,我们人类从大地上取得粮食的主要手段,除一定的技术外,仍要靠化肥来帮忙。化肥工业的发达与否,已经成了一个国家的农业是否兴盛的重要标志。

无机物

无机物是指不含碳元素的纯净物,以及简单的碳化合物,如一氧化碳、二氧化碳、碳酸、碳酸盐和碳化物等的集合。无机物可分为无机单质和无机化合物。

肥料储藏方法

1. 防返潮变质:如碳酸氢铵易吸湿,造成氮挥发损失;硝酸铵吸湿性很强,易结块、潮解;石灰氮和过磷酸钙吸湿后易结块,影响施用效果。因此,这些化肥应存放在干燥、阴凉处,尤其碳酸氢铵贮存时包装要密封牢固,避免与空气接触。

2. 防火避日晒:氮素化肥经日晒或遇高湿后,氮的挥发损失会加快;硝酸铵遇高温会分解氧,遇易燃物会燃烧,已结块的切勿用铁锤重击,以防爆炸。氮素化肥贮存时应避免日晒、严禁烟火,不要与柴油、煤油、柴草等物品堆放在一起。

3. 防挥发损失:氨水、碳酸氢铵极易挥发损失,贮存时要密封。氮素化

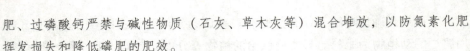

肥、过磷酸钙严禁与碱性物质（石灰、草木灰等）混合堆放，以防氮素化肥挥发损失和降低磷肥的肥效。

4. **防腐蚀毒害**：过磷酸钙具有腐蚀性，防止与皮肤、金属器具接触；氨水对铜、铁有强烈腐蚀性，宜贮存于陶瓷、塑料、木制容器中。此外，化肥不能与种子堆放在一起，也不要用化肥袋装种子，以免影响种子发芽。

法利德·别尔格的甜牛排

法利德·别尔格是个俄国人，他在美国巴尔的摩大学工作，是位著名的化学家。他整天都在实验室里忙碌。

这天，一个实验有了结果，他愉快地拿出插在口袋里的铅笔，在实验记录上写下了实验结果。当他往口袋里插铅笔的时候，一看墙上的钟表，已经是晚上8点了。

他突然想起，今天是他的生日，家里来了许多客人，而妻子早晨还特别嘱咐他晚上早些回去。于是，他穿上外衣，匆忙地赶回家去。一进门，亲友们都向他祝贺。一阵寒暄之后，宾主依次落座，法利德·别尔格的妻子忙着往桌上端菜。席间，一位朋友问法利德·别尔格："听说，你最近在研究人造香料？"

"不，我在做芳香族磺酸化合物的实验，还谈不上研究。"

"哦，什么叫芳香族……"

"这是化学上的术语。"法利德·别尔格觉得说不清楚，便顺手从口袋中取出从实验室里带回的那支铅笔，在报纸的一角写下"芳香族磺酸化合物"几个字。

此时，法利德·别尔格的妻子正端上热腾腾的炸牛排和香酥鸡。法利德·别尔格中止了他们的谈话，招呼大家品尝。

"好甜的炸牛排啊！"一位朋友突然说。

"香酥鸡也是甜的。"又有人说。

法利德·别尔格的妻子疑惑地给客人们更换了新餐具。

晚餐结束了，法利德·别尔格送走了客人。夫妇俩坐在沙发上，谈论着那个奇怪的甜味是怎么来的。他妻子说她没有加过糖。

法利德·别尔格走进厨房，把客人换下来的餐具用舌头舔舔，又端起装过牛排和香酥鸡的盘子，在盘子的四周舔了一下。回到沙发上，竟举起双手，先用舌头舔了右手，又舔左手，接着又从口袋里拿出那支铅笔。用舌头舔了舔，兴奋地大声叫起来："毛病就出在铅笔上，就出在这支铅笔上。"

原来，当法利德·别尔格尝了朋友用过的餐具后，发现盘子边上有一块带甜味的地方。这是他端盘子的手指处。而他的手曾经拿过在实验室里用过的铅笔。这说明，铅笔上的甜味，是在实验室里沾上的。

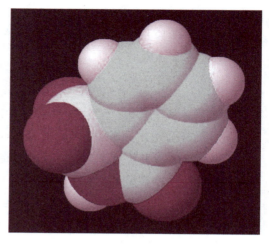

糖精分子

7月1日，天刚亮，法利德·别尔格就到了他的实验室，他仔细地检查实验时用过的器皿。充满欢乐的法利德·别尔格一边工作，一边记录并不停地自言自语："这真是一件了不起的发明啊！"

从此，法利德·别尔格集中全部精力，专心致志地研究这个课题，终于从煤焦油里提取出一种带甜味的物质——糖精。这正是炸牛排、香酥鸡奇怪地变甜的缘故。

知识点

香　料

香料，英文一般用 spice 表示，指称范围不同，主要指胡椒、丁香、肉豆蔻、肉桂等有芳香气味或防腐功能的热带植物。具有令人愉快的芳香气味，能用于调配香精的化合物或混合物。按其来源有天然香料和合成香料按其用途有日用化学品用香料、食用香料和烟草香料之分。在化学工业中，全合成香料是作为精细化学品组织生产的。

延伸阅读

煤焦油的危害

煤焦油作用于皮肤，可引起皮炎、痤疮、毛囊炎、光敏性皮炎、中毒性黑皮病、疣赘及癌肿。可引起鼻中隔损伤。

环境危害：对环境有危害，对大气可造成污染。

燃爆危险：本品易燃，为致癌物。

危险特性：其蒸气与空气可形成爆炸性混合物，遇明火、高热极易燃烧爆炸。与氧化剂接触猛烈反应。若遇高热，容器内压增大，有开裂和爆炸的危险。

死青蛙引出来的发明

1780年的一天，意大利科学家伽法尼在实验室做解剖实验。他在一块潮湿的铁案上解剖了一只青蛙，并取出它的内脏，无意中他把解剖刀接触到死蛙脊背的神经上，这只死蛙的大腿突然抽搐了一下，翘了起来，把伽法尼吓了一跳。再试一下，蛙腿又抽动了一下。这个奇怪的现象，引起了伽法尼的兴趣。最初他以为这是与放在旁边的静电机有关，但经过进一步试验，他发现，若将两种不同的金属，例如铜和铁接在一起，而把另两端分别与死蛙的肌肉和神经相接触，这个尸体就会屈伸地抽动。这真是不可思议的事。

他想，这一定是青蛙体内的某一种组织造成的，他认为，可能是蛙的神经中有一种看不见的生命流体，当它接触到金属导线做其通路时，就会顺着导线在青蛙尸体的脊椎骨和腿神经之间流过，这种流动就刺激了蛙腿发生了痉挛现象。

于是，伽法尼把这个实验现象连同他的含糊不清的解释（简直是臆想）写成一篇论文，在一个刊物上发表了。

这篇论文引起了意大利巴维亚大学的一位著名的科学家伏特的兴趣。伏特读了这篇论文后，在自己的实验室多次重复了伽法尼的实验。伏特将注意点放在了那一对金属线上，而不是青蛙的神经上。他想：这是否与电的现象有关呢？因为人体接触到静电放电的电火花时，就会感到肌肉发麻和抽搐。伏特推想：是否两种不同的金属接触后就会发生放电的现象？于是他做了很多的实验，并设计了一种能检验很小电量的验电器。实验证明，只要在两种金属片中间隔以用盐水或碱水浸过的（甚至只要是湿的）硬纸、麻布、皮革或其他海绵状的东西，并用金属线把它们连接起来，不管有没有青蛙的肌肉，都会有电流通过。这就说明了电的产生并不是从蛙的组织中产生的，蛙腿不过是一种非常灵敏的"验电器"而已。为了证明自己的见解，伏特又利用自己设计的那种精密的验电器，对各种金属进行了实验，从而发现了如下的起电顺序：锌—铅—锡—铁—铜—银—金，这个序列的意思是说：其中任何两个金属相接触，都是位序在前的一种带正电，后面的一种带负电。

他还发现这种"金属对"产生的电流虽然微弱，但是非常稳定。后来他把一对对（40对、60对）圆形的铜片和锌片相间地叠起来，每一对铜、锌片之间再搁上一块用盐水浸湿了的麻布片，这时只要用两条金属线各与顶面上的锌片和底面上的铜片焊接起来，则两条金属线端点间就会产生几伏的电压，足以使人感到强烈的"电震"；而金属片对数越多，电力越强；如果把铜片换成银片，则效果更好，这样产生的电流不仅相当强，而且非常稳定，可供人们研究和利用。后来人们都把它叫作伏特电堆。而伏特自己却把它叫作"人造电气器官"，因为他看到电鳐和电鳗的电气器官就是由一个个圆柱排列起来的。

不久，伏特又发现当锌、铜片之间的湿布慢慢干燥了的时候，电堆产生的电流也渐趋微弱。于是伏特改用一大串的杯子，里面盛上盐水，每个杯中插入一对铜和锌片，然后用金属线把每个杯中的锌片和另一杯中的铜片用锡焊接起来，这样便得到了更为经久耐用的电池。后来他又注意到，若把杯中的盐水改为稀酸溶液，效果就更好了。他把这种电堆称为"王杯"，它远比一大叠金属片对所产生的电流强得多。这就是后来被人称之为铜锌电池的第一个实用电池。

伏　特

知识点

青　蛙

青蛙是两栖纲无尾目的动物，成体无尾，卵产于水中，体外受精，孵化成蝌蚪，用鳃呼吸，经过变态，成体主要用肺呼吸，兼用皮肤呼吸。蛙体形较苗条，多善于游泳。颈部不明显，无肋骨。前肢的尺骨与桡骨愈合，后肢的胫骨与腓骨愈合，因此爪不能灵活转动，但四肢肌肉发达。

延伸阅读

处处受尊敬的伏特

伏特最伟大的成就（伏特电堆）是在他达到相当高龄（55岁）时得到的，它立即引起所有物理学家的欢呼。1801年他去巴黎，在法国科学院表演了他的实验，当时拿破仑也在场，他立即下令授予伏特一枚特制金质奖章和一份养老金，于是伏特成为拿破仑的被保护人，正如20年前，他曾经是奥地利皇帝约瑟夫二世的被保护人一样。

1804年他要求辞去帕维亚大学教授而退休时，拿破仑拒绝了他的要求，赐予他更多的名誉和金钱，并授予他伯爵称号。拿破仑倒台后，伏特与归国的奥地利人和睦相处，没有发生多少麻烦。因此他安然地度过了那个激烈变化的历史时期，无论是谁当权，他都受到了尊敬，同时他对政治毫不关心，只专心于他的研究。

弱不禁风的金属

铀在地球上并不算少，尤其在浩瀚深邃的海洋里，铀的总含量竟高达45亿吨，要比陆地上多2 000倍左右。世界上铀的矿物有二三十种，但分布非常分散，它们大都零星地躲藏在别的矿物里，所以素有"稀有金属"之称。

在18世纪以前，某些铀矿石曾被作为玻璃或陶瓷的原料，这样烧制出来的器皿呈现黄绿色或天鹅般的光亮黑色，艳丽晶莹。当时的一些学者都以为这类矿物不过是含铁和锌的矿石而已。

但是，这些矿石却引起了德国著名的化学家克拉普洛特的极大兴趣。克拉普洛特是一位杰出的矿物化学家，对碲、钛、锆、铈等几种金属元素的发现都有过很大的贡献。

1789年，他开始着手研究带蓝色光泽的沥青铀矿。他从矿场上不辞辛苦地采集回大量的这类矿石，就一头埋进实验室里，进行分析研究。他先用硝酸把这种矿石溶解，再通过一系列的实验来除去铁、锌等杂质，最后得到了一种他从未见过也从未听说过的黄色沉淀物。面对杯子里的沉淀物质，克拉普洛特欣喜若狂，感到自

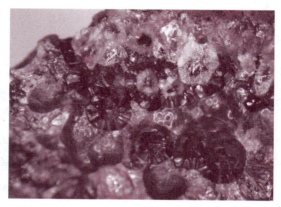

沥青铀矿

己的艰辛和努力终于有了最好的回报。他自信地给这种黄色物质下了判言，认为一定含有一种新元素在内。那时候，在化学元素的命名上，有一种以已经知道的行星名称来命名的传统习惯，于是克拉普洛特也遵循此例，用当时发现不久的天王星的名称为新元素命名为Uranium，中文译作"铀"，元素符号定为U。

接着，兴奋的克拉普洛特又继续进行他的工作，他用灼热的木炭做还原剂，试图从黄色沉淀物中提取纯铀出来，可惜没能成功。一直过了半个世纪以后，在1841年，法国的分析化学家彼利高特冒着很大的危险，把金属钾和无水氯化铀混合在一起，置于密封的铂金坩埚里加热，最后他终于得到了一种黑色的金属粉末——铀。因此，化学史家们都认为铀的真正发现者是彼利高特。

铀的"身体"相当柔软，很容易拉成丝线或压成薄片，但是它的"体重"却大得惊人，1立方米的铀竟达19.1吨，可谁能想到：这个体重惊人的

家伙的"肌体"却弱不禁风，在空气里放置一两天，它的表面便会变暗发黑。如果在空气中稍稍加热，它马上会着火身亡。此后，科学家们还发现铀具有放射性。

1939年，德国化学家哈恩等人还了解到：铀原子核吸收1个中子后，会分裂成两个质量相近的碎片，放出2~3个中子，同时释放出大量的热能，这就是轰动全球的铀核分裂现象。从那以后，铀便作为重要的核燃料，广泛地用于核反应堆、原子弹等原子能工业中。

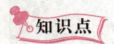

核燃料

核燃料，可在核反应堆中通过核裂变或核聚变产生实用核能的材料。重核的裂变和轻核的聚变是获得实用铀棒核能的两种主要方式。铀235、铀233和钚239是能发生核裂变的核燃料，又称裂变核燃料。其中铀235存在于自然界，而铀233、钚239则是钍232和铀238吸收中子后分别形成的人工核素。从广义上说，钍232和铀238也是核燃料。氘和氚是能发生核聚变的核燃料，又称聚变核燃料。氘存在于自然界，氚是锂6吸收中子后形成的人工核素。核燃料在核反应堆中"燃烧"时产生的能量远大于化石燃料，1千克铀235完全裂变时产生的能量约相当于2 500吨煤。

铀矿浆的固液分离

矿石浸取后所得到的酸性或碱性矿浆（包括含铀溶液、部分杂质及固体矿渣）中的溶液和矿渣须经分离。根据需要也可进行粗矿分级，以除去粗砂，得到细泥矿浆。常用的固液分离设备有过滤机、沉降槽（浓密机）；分级设备有螺旋分级机、水力旋流器。中国还采用流态化塔进行分级和洗涤。

分离出的溶液可用离子交换法分离铀,也可用溶剂萃取法分离和纯化铀,或将铀从含铀溶液中沉淀出来。

池田菊苗的海带丝汤

食品的主要成分为蛋白质、碳水化合物、脂肪、矿物质和水分。但是,能产生食物滋味的物质在食物中的含量是极少的。正是这含量极少的物质在食物被咀嚼后同唾液溶在一起,刺激了味觉神经末梢,于是传递给脑神经中的味觉神经纤维,从而引起了味觉。

这种少量的物质正是蛋白质里的氨基酸。氨基酸是构成蛋白质的基本单位,是人体和动物的重要营养原料。氨基酸有 20 多种,其中,有一种名叫谷氨酸,谷氨酸经过精制后即成为谷氨酸钠。这种谷氨酸钠可以使食物的风味浓厚,鲜味增强。

谷氨酸早在 1866 年就由德国的雷特豪生利用硫酸分解小麦里的麦胶蛋白质时分离出来了。后来,又有许多科学家从不同的物质当中,也制出和合成了谷氨酸。但令人遗憾的是,他们都没能发现谷氨酸的用途在哪儿。

1908 年的一天,刚做完实验的日本东京帝国大学的著名科学家池田菊苗教授疲惫地回到家里,家里人早已摆好了碗筷,只等他回来吃饭了。吃饭时,

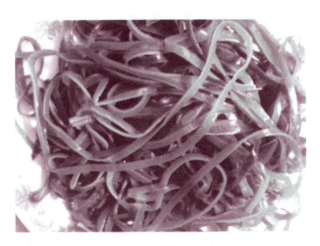

海带丝

池田菊苗觉得菜有些不对头，他妻子做的黄瓜汤怎么比以前的都鲜美得多？教授疑惑地问家里人，家里人也说今天的黄瓜汤要鲜美得多。这是怎么回事呢？他问他的妻子，他妻子也说不清楚。池田菊苗一边用小勺在碗里搅来搅去，一边思考着。他突然像找到原因似地自言自语起来："哦，海带丝。"原来今天的黄瓜汤同往日做的有些不同，汤里面放了一些海带丝。

"这海带丝里面一定有什么奥妙！"池田菊苗兴冲冲地放下了碗筷。拿了一些海带丝就回他的实验室去了。从这天起，他就一心仔细研究起海带的化学成分来了。

经过多年的实验研究，池田菊苗终于从10千克海带里提出了2克叫谷氨酸钠的雪白晶状物质。把它放一点到菜肴里，鲜味果然大大地提高了。池田菊苗把这种物质定名为"味之素"，也就是我们今天说的味精。

味　精

池田菊苗的研究成果一发表出来，立即引起了轰动。许多食品工业的厂商都纷纷登门拜访他，请求与他合作生产这种"味之素"。但是，这种作为调味品的"味之素"，在当时最初被制造时成本相当高，价格也昂贵得惊人，因而只在上层社会中被利用。后来，池田菊苗又采用小麦和脱脂大豆作为原料，提取这种调味品，获得了成功，这样就大大降低了成本。于是，这种调味品在相当短的时间里就在全世界普及开来，受到人们的喜爱。

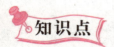

蛋白质

蛋白质是生命的物质基础，没有蛋白质就没有生命。因此，它是与生命及与各种形式的生命活动紧密联系在一起的物质。机体中的每一个细胞和所有重要组成部分都有蛋白质参与。蛋白质占人体重量的16%~20%，即一个60kg重的成年人体内约有蛋白质9.6~12kg。人体内蛋白质的种类很多，性质、功能各异，但都是由20多种氨基酸按不同比例组合而成的，并在体内不断进行代谢与更新。

正确选择味精的方法

味精是日常饮食中不可缺少的调味品之一，不过小小的味精，对健康也有大帮助。为了家人的健康，不能忽视味精的科学选择。

（1）选择味精时，最好能到正规商店（场）、超市购买大型企业生产的名牌产品。

（2）选味精时以选晶体味精最好，因为这样不易掺假。

（3）在选购味精时，一定要选晶体洁白、均匀、无杂质、流动性好、无结块，无其他结晶形态颗粒的。

（4）由于味精中含有食盐，易吸湿结块，因此在日常贮存时要密封防潮，最好放在干燥通风的地方。

治愈怪病的神奇泉水

在英国普利茅斯的乡下有一眼神奇的泉水，它曾经治好了许多奇怪的病人。有一个小伙子不知什么时候患了一种怪病，整天处于虚幻的想象之中，常常兴奋地说个不停，手舞足蹈、狂笑不止，找遍了当地的医生都无济于事。最后他的父母听从一个外地商人的劝告，带着病态的儿子来到普利茅斯，找到神泉，连续喝了几十天的泉水，年轻人的病好了，异常地平静，再也不到处瞎胡闹了。于是神泉的名声逐渐地大了，这引来许多好奇的人的关注，其中包括一些化学家和药物学家。

泉　水

　　后来，澳大利亚的精神病学家卡特发现，这些泉水里含有一种元素锂。锂的化合物，特别是碳酸锂，可以治疗某些精神病——癫狂症、精神压抑症。患有这种精神病的人过分兴奋和过分压抑交替发生，发病往往很突然。

　　在寻找癫狂症、精神压抑症病因的过程中，卡特发现，由于甲状腺的过分活化或者过分不活化，会引起这种精神失调症。他想，一种存在于尿中的物质可能是造成癫狂症和精神压抑症的主要原因。于是他将某些癫狂病人的尿的试样有控制地注射到几内亚猪的腹腔中去，猪果然中毒了。选用溶解度大的尿酸盐代替尿酸做实验，卡特意外地发现，注射尿酸锂溶液后，中毒几率大大下降。说明锂离子可以抵御尿酸产生的毒性。他进一步用碳酸锂代替尿酸锂，试验有力地证明了锂盐具有治疗癫狂症和精神压抑症的作用。用大量的 0.5% 碳酸锂水溶液对几内亚猪进行注射，经过两小时，猪变得毫无生气，感觉迟钝，再用其他药物才能使它恢复正常活力。

　　1948 年，卡特开始把成果运用于临床，用碳酸锂治疗到他那儿来求医的精神病人。取得成功的典型例子是一位 51 岁的患者，他处在慢性癫狂式的兴奋状态足足 5 年了。他不肯休息、胡闹、捣乱，经常妨碍别人，因此成为长期被监护对象。经过 3 周的锂化合物疗治，他开始安定下来，继续服用两个月的锂药剂，就完全康复了，并且很快回到原来的工作岗位。

　　这样，人类终于解开了那神奇的能治好"中邪"病人的泉水之谜。

1949年以来，锂盐帮助了数以万计的癫狂症和精神压抑症病人从痛苦中解脱出来，制药厂开始大量制造碳酸锂。

今天，虽然锂的作用机制还有待进一步探讨，它惊人的治疗效果是得到公认的。精神病素以难治出名。而伟大的卡特仅用一种简单的无机化合物就解除了千千万万人的痛苦，这是化学史上、医学史上的一个奇迹！同时，我们也应该认识到对民间一些神秘的东西我们不应该一味地否定，斥之为迷信。我们应该对它加以科学的解释。不能解释的留给后人去评价，这才是科学的态度。

单质锂

泉　水

泉是地下水天然出露至地表的地点，或者地下含水层露出地表的地点。根据水流状况的不同，可以分为间歇泉和常流泉。如果地下水露出地表后没有形成明显水流，称为渗水。根据水流温度，泉可以分为温泉和冷泉。泉可以按照其流量大小分为八级，一级泉的流量超过每秒100立方英尺（2 800升），二级泉的流量为每秒10～100立方英尺（280～2800升），八级泉流量则小于每分钟1品脱（每秒8毫升）。

泉水文化艺术节

山东省省会济南将借2013年第十届"中国艺术节"的机遇，举办泉水文化艺术节，形成特色节庆会展品牌。目前，通过游72名泉等各项工作，园林、旅游部门已开始了前期准备工作，有关专家也建议将泉水文化节办成市民的节日、世界的盛会。

济南将着力打造"天下泉城"的文化品牌，凭借"山、泉、河、湖、城"的资源优势，打造泉城的文化影响力。其中，将推行"天下泉城"的形象标志识别系统，组织举办"中国泉水文化艺术节"。

"泉水文化节涉及多个部门，我们目前正在进行相关的准备工作。"济南市园林局的工作人员表示，举办泉水文化节一直是市民多年来的呼声。目前，各部门正在抓紧进行准备工作。

据悉，为举办泉水文化节，济南市园林局前期进行了泉水普查工作。从2011年6月23日开始，共持续了62天，进行了一次最大规模的全面摸排，除了对名录登记在册的645处名泉——核实外，截至2011年8月23日，共普查发现泉水800余处，其中新发现泉水204处。

对此，有关专家建议，泉水文化节应该是一个城市的标志性节日，它要能给市民带来欢乐，容纳泉城文化和民俗传统，为普通百姓打造一段欢乐时光。同时，依托茶馆、说书场等体现老济南"家家泉水，户户垂杨"的泉城古韵，以市民为主，把济南的世态民俗推向世界。

王水保存诺贝尔奖章

玻尔是丹麦著名的物理学家，1922年12月10日，他因量子力学和原子结构理论而获得了诺贝尔奖。但是，二战爆发后，德国法西斯占领了丹麦，实行野蛮的法西斯统治。开始，玻尔对这一切都毫不在意，仍然坚持他的科学研究工作。可是到了后来，情况却越来越糟。并且，玻尔得到消息说，德国法西斯马上就要来逮捕他了，于是他再也不能继续待下去了，于是便决定离开祖国。为了逃避法西斯的迫害，在丹麦抗敌组织的帮助下，玻尔及他的全家要冒险逃出丹麦首都哥本哈根。

情况十分紧迫。玻尔匆忙收拾行装。他只带了一些简单的行装，必需的书籍、笔记本及生活用品，其他一切东西，包括许多心爱的仪器都只好留在哥本哈根的住所和实验室里，听天由命。一切准备就绪，但有一个精制的盒子，使玻尔十分为难，不知怎么办才好。

玻尔打开这个华丽、贵重的盒子，一枚闪闪发光的奖章出现在眼前：这正是他 1922 年获得的诺贝尔奖章。对于玻尔来说，诺贝尔金质奖章比他的生命还要宝贵。这枚奖章不仅是他个人的荣誉和纪念品，也是祖国和人民的骄傲！奖章不能失去。然而，带在身边也是十分危险的。奖章会使他暴露身份，以致身陷罗网。

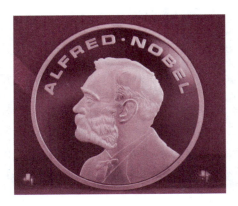

诺贝尔奖章

"决不能让奖章落在法西斯手里！"玻尔做出了果断决定。可是把它藏在哪里才能确保万无一失呢？

时间一分一秒地过去了，玻尔在焦急地思索着。忽然，他的目光落在实验台的盛放浓盐酸和浓硝酸的试剂瓶上。他想出了一个绝妙的主意：王水！对，用王水来保存奖章。王水是由一份浓硝酸和三份浓盐酸配制而成的混合酸，可以溶解黄金。

玻尔急忙配制了一瓶王水，把奖章投入王水中。顷刻之间，金质奖章在王水中逐渐消失了，瓶内是晶莹透明的黄色的液体。玻尔把溶有奖章的酸液放在实验室一个安全的地方，就匆忙离开了首都，趁着夜色踏上了漫长的旅途。

果然，这瓶酸液保存在实验室里，丝毫也没引起敌人的怀疑。它在法西斯的眼皮底下，安然地度过了那令人恐怖的岁月。

两年后，德国法西斯战败了，战争结束了。玻尔回到了哥本哈根以后，立刻来到实验室。他看见那瓶溶有奖章的晶莹透明的王水依然还在，心里十分高兴。他打开瓶盖，把一些铜屑放进瓶里，铜屑被溶解了，而黄金却又重新析出来，一点也没减少。玻尔取出黄金，又把它重新铸成了和原来一模一样的奖章。珍贵的诺贝尔奖章就这样保存下来了。

玻尔从王水中重新析出黄金，用的正是化学上的置换反应。

首　都

首都，又称国都、首要城市或行政首府，通常是一个国家的政府所在地，政治和经济活动的中心城市，各类国家级机关集中驻扎地，国家主权的象征城市。一些国家不只有一个首都，另一些国家为了谋求发展而迁都。中国历朝历代的首都也在不断变化。

化学试剂提纯方法

化学试剂的提纯方法有：

1. 蒸馏。对于易挥发的试剂，如常用的无机酸、有机溶剂等是最常用的提纯方法。根据沸点的高低选用常压或减压蒸馏法。

2. 升华。对于某些易升华的试剂，如碘、萘等，此法最简便。

3. 重结晶。适用于大多数固体试剂的提纯，其关键是选择好合适的溶剂。

4. 溶剂萃取。无论将母体或杂质萃取到有机溶剂相中，均可达到提纯的目的。

5. 离子交换色谱分离。是一种新型的高效提纯方法，例如，用阴离子交换树脂吸附清除盐酸中的铁。

此外，还有薄层层析、电渗析、区域熔融、离子交换膜等特殊手段来分离提纯化学试剂。

再次发现的"美洲大陆"

在原子弹中，核裂变的链式反应速度极快，千万分之一秒的时间内就完成了。巨大的能量在极短的时间里释放出来，造成猛烈的爆炸。如果采用一些有效的办法来控制裂变速度，使能量在人为的控制下慢慢地释放出来，这就是核反应堆了。

我们已知道，每个铀原子在裂变时要放出2~3个中子，放出的中子又去击中其他的铀原子。这些原子又发生裂变，产生更多的中子。如果我们在反应系统中插入一些镉棒之类的容易吸收中子的物质，使每次裂变都恰好只有一个中子能有效地产生另一次裂变。如同"计划生育"一样，使"增殖因子"刚好等于1，链式反应就会有条不紊地进行下去，而不会像雪崩一样地发生爆炸。如果"增殖因子"小于1，就会使裂变中子"绝代"，链式反应自然会中止了。这样，核反应就变成可控的了。

1942年12月，在著名科学家费米的领导下，在美国芝加哥大学建成了世界上第一座核反应堆。这座反应堆建在一个足球场下面，宽9米，长将近10米，高6.5米，重1 400吨，其中有铀52吨，包括金属铀以及铀的氧化物。铀同做减速剂用的石墨一层层间隔开堆集起来，共57层。上面有洞可插入镉控制棒。原子反应堆的名称就是由此而来的。

原子弹爆炸

1942年12月2日早晨，世界上最危险的也是最使人振奋的实验开始了。尽管科学家们事先经过了无数次精心的计算，采取了一切防范措施，否定了发生爆炸的可能性。但是面对这个庞然大物，人们是否能驯服这危险的"核老虎"，还要用实验的最后结果来表明。

反应堆旁的气氛是很紧张的。在费米的指挥下，科学家们把镉控制棒慢慢抽出。在下午3时45分，增殖因子达到了1，裂变反应开始自动地持续下去。一切测试结果都表明核反应堆运转正常。28分钟后，费米下令将镉控制棒插入洞中，反应堆很快就熄灭了。人工控制核链式反应成功了。从此，原子能的时代开始了。在科学家们雷动的欢呼声中，实验成功的消息很快用暗语通知到华盛顿："那个意大利航海家已经进入新大陆了。"

"当地居民的表现怎么样？"

"非常友好！"

说来也是巧合，哥伦布1492年发现新大陆和1942年费米主持的第一个核反应堆实验成功，恰好是1492和1942中间两个数字颠倒了一下。

知识点

费米

恩利克·费米（1901—1954），美国物理学家。他在理论和实验方面都有第一流建树，这在现代物理学家中是屈指可数的。100号化学元素镄就是为纪念他而命名的。费米一生的最后几年，主要从事高能物理的研究。1949年，揭示宇宙线中原粒子的加速机制，研究了π介子、μ子和核子的相互作用，提出宇宙线起源理论。1952年，发现了第一个强子共振——同位旋四重态。1949年，与杨振宁合作，提出基本粒子的第一个复合模型。

延伸阅读

反应堆类型

根据用途，核反应堆可以分为以下几种类型：

（1）将中子束用于实验或利用中子束的核反应，包括研究堆、材料实验等。

（2）生产放射性同位素的核反应堆。

（3）生产核裂变物质的核反应堆，称为生产堆。

（4）提供取暖、海水淡化、化工等用的热量的核反应堆，比如多目的堆。

（5）为发电而发生热量的核反应堆，称为发电堆。

（6）用于推进船舶、飞机、火箭等的核反应堆，称为推进堆。

另外，核反应堆根据燃料类型分为天然气铀堆、浓缩铀堆、钍堆；根据中子能量分为快中子堆和热中子堆；根据冷却剂（载热剂）材料分为水冷堆、气冷堆、有机液冷堆、液态金属冷堆；根据慢化剂（减速剂）分为石墨堆、重水堆、压水堆、沸水堆、有机堆、熔盐堆、铍堆；根据中子通量分为高通量堆和一般能量堆；根据热工状态分为沸腾堆、非沸腾堆、压水堆；根据运行方式分为脉冲堆和稳态堆，等等。核反应堆概念上可有 900 多种设计，但现实上非常有限。

跳海自杀的猫和红地毯

日本的水俣湾原是一个美丽的海湾。多少年来，水俣镇的渔民依靠丰富的海产生活。可是自 1950 年起，这镇上出现了一个奇怪的现象：有些猫忽然得了怪病，走起路来晃晃悠悠，四肢不断抽筋，最后竟然自己跳进海里"自杀"了。人们觉得新奇，却没有引起重视。

此后不久，当地居民也得了这种怪病，症状跟猫十分相似。人们都惊恐不已，说是自杀的猫的鬼魂附体了。病了的人先是齿龈溃疡，牙齿脱落，说话口齿不清，走起路来东摇西晃，后来全身肌肉抽搐，身体像弓一样弯曲，还发狂似地大喊大叫，最后在极端的痛苦中死去。这就是闻名世界的水俣病。

人们为了寻找水俣病的原因，花了近 20 年的时间，解剖了不少病猫及病人的尸体，直到 1969 年才把真相弄清楚。原来"水俣病"是慢性汞中毒。水俣湾的海水受到了严重污染，污染源来自水俣镇的一个氮肥公司。该公司在生产过程中采用汞做催化剂，在排出的废水和废渣中含有大量的汞。这使海水受到了污染，导致海里的鱼、虾、贝类都中了汞毒。然后又通过"生物链"——大鱼吃小鱼、小虾，小鱼和小虾又吃浮游生物……使汞在大鱼身上进一步浓缩。据测定，海水里的含汞量并不高，而海港里的一些鱼类体内的含汞量竟高出海水的百万倍以上。猫和人吃了含汞量较高的水产品，就发生慢性汞中毒，而得了奇怪的病。

1964 年夏天，美国佛罗里达州西海岸下了一场大雨，雨后，海水变成了红色，好像铺上了一层红色的地毯。海风吹来，"红地毯"皱起斑斓花纹，十分好看。起初，人们把这种美丽的景色当作大自然的奇观来欣赏，当地人以为本地又有可供开发的旅游资源了。然而，好景不长，几天之后，铺了"红地毯"

的海面上浮起大批死鱼、死虾，连世界闻名的巨大海龟和珍珠贝都未能幸免于难。那里丰富的海产资源，在短短的几天内就被冲毁得干干净净。

这种毁灭大量海洋生物的现象，被称为"红潮"。这种"红潮"在日本沿海各地也不断发生。1971年，日本沿海竟发生了133起"红潮"事件，有的"红潮"竟持续1 700多天不退，使得大批鱼虾死亡，海产资源被毁。

红　潮

"红潮"之谜经过长期研究后被揭晓。原来也是由于水污染造成的。由于暴雨来得太猛，往往把城市里的废渣、废水以及农田里的肥料大量地冲到海里。由于海水过于肥沃，使夜光虫等海洋浮游生物在很短的时间内大量繁殖，覆盖了海面，形成红潮。海面被浮游生物密密覆盖，海水里的氧气由于浮游生物的消耗而大大减少，浮游生物的代谢还会产生硫化氢、甲烷等有毒气体，再加上那些微小的浮游生物堵塞了鱼虾的呼吸系统，以致在很短的时间内造成鱼虾大批死亡。

"三废"的排放，造成水资源污染，使人类的健康受到严重损害，其例举不胜举，这一问题现在已受到各国科学家和人民的普遍重视，人们正在开展各种措施以化害为利，保护资源，为人类的健康做出贡献。

知识点

汞

一种有毒的银白色一价和二价重金属元素，它是常温下唯一的液态金属，游离存在于自然界并存在于辰砂、甘汞及其他几种矿中。常常用焙烧辰砂和冷凝汞蒸气的方法制取汞，它主要用于科学仪器（电学仪器、控制设备、温度计、气压计）及汞锅炉、汞泵及汞气灯中。元素符号为Hg，俗称水银。

汞的制造

有关金属汞的生产很多，例如汞矿的开采与汞的冶炼，尤其是土法火式炼汞，对空气、土壤、水质都有污染；用热汞法生产危害更大。

制造：校验和维修汞温度计、血压计、流量仪、液面计、控制仪、气压表、汞整流器等，制造荧光灯、紫外光灯、电影放映灯、X射线球管等；化学工业中作为生产汞化合物的原料，或作为催化剂如食盐电解用汞阴极制造氯气、烧碱等；以汞齐方式提取金银等贵金属以及镀金、馏金等；口腔科以银汞齐填补龋齿；钚反应堆的冷却剂，等等。

硝铵化肥与一系列惨祸

速效肥料硝酸铵会爆炸，其爆炸引起的一系列惨祸使人们对化肥有了新的认识。

1921年9月21日，位于德国小镇奥波城的一家化工厂，常年因生产优质速效的化学肥料硝铵很有名气，一次爆炸事件使工厂扬名世界。

一天，工人们想把结成块的硝铵化肥弄碎，然后卖出去，他们找来铁器敲打，结果巨大的爆炸声震撼了小镇，整个工厂被炸飞，周围的房子被震塌，死伤500多人，堆积硝铵的地方，也就是爆炸中心，成了一个165米长，100米宽，20米深的大坑。

更为残酷的是发生在1947年4月16日，美国得克萨斯州

硝铵化肥

的得克萨斯城的一起硝铵连续爆炸事故。

一艘货轮满载硝铵化肥驶抵该城，生产部门事先并没有向负责装运和使用的部门做必要的说明和预警。船长和搬运工人对硝铵的爆炸力和危险性不甚了解，未加注意，更为滑稽的是事发前，船长还对大家说："我们装的是又清洁又安全的速效肥料硝酸铵。"

一大群人在岸上围观，轮船一声巨响爆炸了，巨大的气浪掀起的碎片高达4.8千米，两架在轮船上空飞行的飞机被烧成灰，爆炸声传到250千米之外。爆炸附近的油罐和一座化工厂全被烧毁，另一艘装了化肥的船卡在那里，起了火，又一次大爆炸震撼了全城并且引爆了一座硫黄仓库，一座"化学城"在顷刻间被毁灭，烈火焚烧三昼夜，仅有几万人的城市，1 500人陈尸街头，15 000人无家可归。

3个月之后的7月28日，在法国布勒斯特港，美国货轮"利别尔基"号因硝铵爆炸而葬身大海，船员及救火人员全部丧生，港口内死亡百多人，伤千人，港口遭到破坏！

沉痛的教训迫使人们对硝铵化肥有了进一步的认识。硝铵不仅是一种优质速效的化肥，它的铵根和硝酸根都能被作物吸收，而土壤中不留任何物质。同时，硝铵又具有强爆炸性，用它制成各种各样的硝铵炸药（主要成分：硝铵，TNT或二硝基铵萘，木粉，煤粉和少量食盐等）。在矿山爆炸中，有的硝铵还会因矿石含量而自爆，在我国多次发生这种自爆事故。因为，平日里最常见最不起眼的硝铵化肥有时候还真的就是烈性炸药呢！

化 肥

化学肥料简称化肥。用化学和（或）物理方法人工制成的含有一种或几种农作物生长需要的营养元素的肥料。作物生长所需要的常量营养元素有碳、氢、氧、氮、磷、钾、钙、镁、硫。微量营养元素有硼、铜、铁、锰、钼、锌、氯等。

爆炸速度分类

1. 轻爆。物质爆炸时的燃烧速度为每秒数米，爆炸时无多大破坏力，声响也不太大。如无烟火药在空气中的快速燃烧，可燃气体混合物在接近爆炸浓度上限或下限时的爆炸即属于此类。

2. 爆炸。物质爆炸时的燃烧速度为每秒十几米至数百米，爆炸时能在爆炸点引起压力激增，有较大的破坏力，有震耳的声响。可燃性气体混合物在多数情况下的爆炸，以及火药遇火源引起的爆炸等即属于此类。

3. 爆轰。物质爆炸的燃烧速度为爆轰时能在爆炸点突然引起极高压力，并产生超音速的"冲击波"。由于在极短时间内发生的燃烧产物急速膨胀，像活塞一样挤压其周围气体，反应所产生的能量有一部分传给被压缩的气体层，于是形成的冲击波由它本身的能量所支持，迅速传播并能远离爆轰的发源地而独立存在，同时可引起该处的其他爆炸性气体混合物或炸药发生爆炸，从而发生一种"殉爆"现象。